現場実務者の安全マネジメント

―命を支える現場力２―

異業種交流 安全研究会 著

KAIBUNDO

目次

発刊にあたり

一〇年ほど前の二〇〇五年五月、鉄道事故の直後に安全性向上を目標に異業種交流安全研究会が誕生した。メンバーの熱心な参画によって、メーリングリストを通じて今なお活発に安全推進の実務展開を目指した活動が行われている。

二〇一一年一一月に念願が叶って『命を支える現場力』を発刊することができた。この発刊にあたっては、海文堂出版の岩本登志雄氏から出版に関するご指導を賜ったほか、出版編集幹事の榎本敬二氏の献身的なご尽力があった。その他、安全研究会のメンバーが熱心に編集幹事を支え、見事なチームワークが発揮された。

この様子が著書に表れていたためであろうか、予想外に多くの読者に恵まれることとなった。小生も陰ながら安全講演会や研修会の講師を担当する機会に、この研究会の生い立ちや現在の活動状況も含めて「新刊書紹介」をさせていただいた。その結果、主催者側の安全担当者が取りまとめて数十冊単位で購入してくださるケースが続発した。お陰様で年明けには、重版する運びとなった。

この場を借りて多大なる協力をいただいた関係者のみなさまに心から厚く御礼を述べさせていただく。

さて、柳の下のドジョウを再度狙ったわけではないが、前回はページ数の関係で、コミュニケーションの問題に焦点を絞って、さまざまな職域からの問題提起をさせていただいたが、今回は続編として、「安全マネジメントの領域」へ一歩踏み出すこととなった。

かつての恩師であった故黒田勲翁がいつも厳しく問いかけてくださった「それでどうする？」という言葉を日頃、研究会のみなさんに伝えてきた。編集幹事をはじめメンバーたちは、本書の執筆にあたって、この言葉を回顧してくれて、早い時期にこの方向性を盛り込むことが決定された。コミュニケーションが安全推進に重要なことはわかった、「それを実務にどう活かすのか？」という前向きな取り組み姿勢が大切なのである。

小生は、熟年になって履修した大学院博士課程において、「イノベーションプロセス」という個人の自己変革の過程について学ぶ機会を得た。物事を「知る」だけでは少しも前へ進まない。世のなかに「物知り」は数え切れないほど存在する。しかし、それを世のために行動に移せる人は極稀であると言われている。知ったならば、それが大切であることに気づかなければ意味がない、というのだ。大切さに気づいたならば、それが自分にもできると考える必要がある。ここまでが、「知識の変革」から「意識の変革」への前進である。

自分にもできると考えたならば、それを着実に実行すべきである。「行動の変革」である。そして実践した結果を振り返ってみて、過不足があればそれを修正し改善する。ここに至って「個人の変革」が遂げられるという考え方である。個人の能力を結集しなければ、チームとしての大きな仕事はできない。現場力という最近のキーワードは、まさにこのことを推奨している。チームメンバー個人のイノベーションが結集されてはじめてチーム全体のイノベーションとなって成果が現れるのである。

「古稀」を目前にして「もう遅い」と言われそうであったが、自己変革とは全く右記のとおりだと気がついた。気づいたならばその可能性を信じて実行するのみであった。このような心境で学位論文に挑戦したことを鮮明に記憶している。この経験談は、研究会のメンバーにも披露してきた。知っているだけでは不十分である。それをどうしても安全推進活動に活かそう。みなさんは全面的に賛同してくれて、快く受け入れてくれた。

このようにして「命を支える現場力2」の構想が固まった。実はメンバーは個々に現場における安全マネジメントの難しさを体験し、奮闘してきた経験者であり、だからこそ自分にも執筆者の役割を果たすことができる、と自信を持つことができたのである。

研究会では、メーリングリストを活用して、毎月編集幹事がテーマを決めて経験談や考え方を引き出してきた。メンバーは、惜し気もなく、かつ悪びれずに、自分の経験を失敗談も含めて披露する。それに対して別のメンバーが、自らの体験談も交えて慰めたり励ましたりしてきた。なかには、専門的見地からの解説を惜しまないメンバーも現れた。

お題はさまざまであった。安全教育に関して、水辺に連れて行っても水を飲んでくれない馬の話題に対して、自ら飲みたくなるように仕向けてはいかがであろうかとか、本当に咽が乾けば放置しておいても馬は水を飲むのではないか？ など議論は絶えなかった。結局、本人がその気にならなければ、管理者の意図どおりには動いてくれない、というところに落ち着く。

また、「状況認識」というお題も出された。これは自分中心の計器表示や外界の見え方だけの情報で飛行するパイロットに対する「CRM（Crew Resource Management）訓練」のなかで応用された概念である。もっと広い視野で、しかも時系列に変化傾向を把握して、何が起こっているかを正確に理解して、それがやがてどのように展開していくのかを展望するという「ダイナミックな認知プロセス」を表す概念だけに、さまざまな議論が巻き起こった。変化傾向を敏感に認知するためには、常に高い覚醒度を維持していなければならないとか、警戒していても正常な状態を正しく理解していなければ変化を見抜けない、あるいは、おかしいと感じてもそのシステムの仕組みを詳細に理解できていなければ何がどうなっているのかを認識することができないなどと議論が弾んだ。

現場で実際に状況認識の喪失による災害や不適合事例を見てきた管理者たちだけに、真に迫っていた。他にもお題は「意思決定」や「組織行動」へと進んだ。

このような日頃の研究会活動が実を結んで、さまざまな安全マネジメントに関する情報が収集されてきた。これらは理論ではなく現場における実務体験の集積である。現場力を高めるための具体的手法を確立する。そのための仕組みと環境を整備し続ける組織がやがて「高信頼性組織」へと成長していく。その取り組みの基本に、どのような環境の変化や危難に直面しても、冷静沈着に判断して復元力を発揮することのできる「レジリエンスエンジニアリング論」に基づく活動様式を構築していくことが求められている（第5章参照）。

高信頼性組織の構築を目指す取り組みの方法論として、東日本大震災以降、我が国でも急速に注目されはじめた「レジリエンスエンジニアリング論」は、いかなる外乱に直面しても、事象への対処能力など四つの機能を発揮してしなやかに危難を回避し続けうる行動様式を論じている。過去の失敗事例のみならず成功事例にも目を向けて、正確な状況認識と予測能力の発揮によって、その都度柔軟に危機を回避する能力を培う発想である。

本著「命を支える現場力2」も前著に引き続いて読者のみなさまの安全推進活動の展開に役立つことを念願して、これまでの研究会における議論の経過を整理することとした。安全推進に関する理論や知見を現場で活かしていくための参考になれば、安全研究会メンバー一同にとってこの上ない幸せである。

異業種交流安全研究会顧問・㈱安全マネジメント研究所所長
工学博士　石橋　明
（ＪＲ西日本安全研究所客員研究員、ＪＡＸＡ有人宇宙技術部客員研究員、中災防東京安全衛生教育センター部外講師、元全日空国際線主席機長、国土交通省航空保安大学校非常勤講師、ＮＰＯ失敗学会組織行動分科会長）

はじめに

「あっ、間違えた！」（ドクドクドクドク…心臓の激しい鼓動）
「ビービービービー」（けたたましい警報音）
「ドーン」

産業事故のなかには、現場の実務者がスイッチを押し間違えたことで起きてしまったというケースがあります。この事例を単純に捉えると、エラーと事故が直結しているように思えますが、その深層を探ってみると、スイッチを間違えたというエラーの背景にはいくつかの理由が見えてきます。それは、スイッチの名称が似ていた、暗くてスイッチの名称が見えにくかった、焦っていてしっかり確認しなかったなど、ヒューマンエラーを誘う数々の要因です。

また、もしも指差呼称が確実に行われていなかったとしたら、それは安全の基本ルールを疎かにする悪しき風土が改善されずに残っていた可能性があります。さらに、事故には至らなくても、同じようなエラーが繰り返されていたとしたら、ヒヤリハットが報告できない、活用されないという組織の風土的かつ制度的な問題もありそうです。そして、そもそもスイッチを間違えただけで事故が起きてしまうのなら、スイッチを間違えても事故にならないシステム設計を取り入れるべきであり、いつか誰かが事故を引き起こすリスクが高いシステムを運用し続けていること自体に問題の本質があると考えられます。

しかし、職場の風土改革や運用するシステムの設計の見直しには、多くの時間と費用、そして周囲の協力が必要であり、現場の実務者が一人で取り組むことができるテーマではありません。そこで前著『命を支える現場力』では、現場の実務者が職場で日々実践できる取り組みとして、コミュニケーションに主題を絞った事故防止について取り上げました。その理由は、社会で起きている事故の多くが、コミュニケーションの失敗によって引き起こされていたり、あるいは事故に至るまでの事象の連鎖の途中で、適切なコミュニケーションがとられていたら事故を防ぐことができたと考えられるケースが多いからです。

一方で、現場の実務者が良好なコミュニケーションに苦心し、まわりの仲間へその大切さを説いて回っても、水面に投じた石がつくる波紋のように賛同者の輪を広げることは容易ではないでしょう。また、地道な努力の賜物として、チームのコミュニケーションが大きく改善されても、人事異動でリーダーが「権威主義型」に代わった途端、チームのコミュニケーションがあっという間に萎縮してしまうこともあります。組織にとって人事異動は必要不可欠なものなので、チームの構成メンバーは一定ではありません。もちろん、組織の課題、役割、目標も変化します。このような変化があっても、組織の安全に対する行動指針や価値観が大きく揺らぐことがない組織づくりが求められます。

そのような組織づくりの舵取りは、組織のトップや管理職の役割ですが、現場の実務者の積極的な参画がなければ成し遂げることはできません。実務者一人ひとりにできることには限界がありますが、一方で組織の風土や文化を変える力を持っているのも実務者なのです。トップダウンとボトムアップの融合、相乗作用が重要だということです。

組織では、トップから現場の実務者まで、あらゆる階層の人たちが、事故をなくしたい、トラブルを減らしたいと願っています。職場の安全文化に何らかの問題があると気づいている人も少なくないでしょう。しかし、その願いや問題意識が一つの大きなうねりとなって動き始めることは〝奇跡的なこと〟と諦めている実務者が多いと思われます。

しかし、優れた安全成績を長く継続している組織、事故などの緊急事態において的確な対応をした組織、大規模災害において事業継続に成功した組織など、高い信頼性を有する組織（高信頼性組織）が実際に存在しています。このような組織は、事故を繰り返している組織や緊急事態にうまく対応できなかった組織と何が違うのでしょうか？　その成功は決して偶然や幸運などではなく、組織の信頼性や安全レベルを高める努力や工夫を怠らず、さまざまな仕掛け、仕組みを取り入れてきた結果であると考えられます。

そこで今回は、これまでの安全管理の弱点や形骸化という問題に対して、また信頼性の高い組織づくりを目指した安全マネジメントに対して、現場の実務者の視点から、実務者がどのように向き合い、関わっていったらよいかを考えていきたいと思います。

第1章

「安全リーダー」を突然命じられて

①　新米安全リーダー鈴木さんの苦悩

②　これまでの安全活動・安全管理とその限界

③　安全管理から安全マネジメントへ

④　安全マネジメントは誰の役割？

この章では、ある製造工場の現場で班長を務める鈴木さんが登場します。この鈴木さんは仮想の人物ですが、「もしも自分が鈴木さんだったら？」と考えながら読んでみてください。

1 新米安全リーダー鈴木さんの苦悩

大手製造業の工場で働く鈴木さん（三五歳）は、勤続一八年の中堅実務者です。現場一筋で仕事をしてきた鈴木さんは、上司からの信頼も厚く、後輩からも慕われています。仕事の能力の高さに加え、周囲からも頼りにされる人としての魅力を買われ、同期のなかではトップで二年前に班長になりました。

ある日、鈴木さんが上司の橘課長に呼ばれました。

「鈴木くんに私の課の安全リーダーをやってもらいたいんだが…」

鈴木さんが所属する課には五つの班がありますが、課の「安全リーダー」として、五つの班が協力して取り組む安全活動の面倒を見るように頼まれたのです。

鈴木さんの工場では、最近いくつかのトラブルが相次いで発生していました。その原因は機械の誤操作、材質の選定間違い、配管をまたいだことによる転倒など、いずれもヒューマンエラーばかりでした。このような事態を重く見た工場長が、各課に「安全リーダー」を置いて対処するよう命じたのです。

鈴木さんの工場でもさまざまな安全活動をしています。安全スローガンやポスターの掲示、指差呼称、TBM（Tool Box Meeting）、危険予知、ヒヤリハット、安全パトロールなどなど。鈴木さん自身、これまでの活動で十分だと思っていました。だから、「何か新しい活動を工夫してほしい」と橘課長から頼まれても、何も思いつきませんでした。

鈴木さんは、他の班長たちにも相談しましたが、みんな口をそろえたように「今で十分だ」「これ以上何をしろと言うんだ」「忙しくてそんな余裕はない」「安全活動なんて役に立たない」などと言うばかりで、協力を得られそうにありませんでした。

悩んだ鈴木さんは、安全活動やヒューマンエラー防止に関する本を何冊か取り寄せて読んでみました。一冊は難しくて途中で投げ出してしまいました。残りは最後まで読みましたが、「なるほど」「そうか」と感心しつつも、「では、自分は何をしたらよいか」を考えてみると、やっぱり何もわからないのでした。

鈴木さんは、職場の安全活動をあらためて振り返ってみました。

ポスターは色あせているし、破れたままのものもある。何年前に貼られたものだろう？　指差呼称はダラダラとしていて声も小さい。ＴＢＭと危険予知の内容は毎回ワンパターンだ。ヒヤリハット報告は出てこないし、出てきてもどう活用されているのかわからない。安全パトロールでは小さなルール違反と整理整頓の悪さを毎回指摘されるが一向に改善しない。

「いろいろな取り組みをしているが、どれも薄っぺらに感じられる。魂がこもっていないというか、みんな真剣じゃない。マンネリ化という言葉がピッタリ当てはまりそうだ」

そして鈴木さん自身、そのような状態にこれまで違和感を抱いたことはなく、自分も安全活動が役に立つと真剣に考えていなかったことに気がついたのでした。

「安全活動は面倒くさい。本当は自分もそう思っていた」

「でも、活動がマンネリ化しているから、薄っぺらな内容だから、トラブルが続いたのだろうか？」「今の安全活動は、ずいぶん前からやっていて以前とたいして変わりないと思う。以前はトラブルなんてほとんどなかったのに、最近なぜ続いたのだろう？」

鈴木さんは一人、深い霧のなかに入りこんでしまいました。仕事には絶対の自信があったのに、その自信も揺らいできました。

「自分に安全リーダーは無理なんじゃないか?」
「孤独だ。出口がまったくわからない」

❷ これまでの安全活動・安全管理とその限界

「安全活動は面倒くさい」「安全活動に事故防止の効果なんてない」「事故を起こすのはどんくさいやつだ。自分は大丈夫」このように思っている現場の実務者は少なくないでしょう。とくに、自分の知識や技術に自信があり、バリバリと仕事をこなすタイプの中堅の実務者ほど、その傾向が強いかもしれません。

一方で、安全活動や安全管理を行っていない職場はありません。どの職場でも、何らかの活動や管理を行っています。とても熱心に取り組んでいる職場もあれば、鈴木さんの職場のように長らく形骸化したまま漫然と続けている職場もあります。では、熱心な職場と漫然と続けている職場で、安全成績に大きな差があるかというと、必ずしもそうではありません。しかし、長いあいだ高い安全成績を維持している職場、あるいは安全成績が伸びている職場には、事故やトラブルを繰り返している職場にはない「何か」があります。それは何なのでしょうか?

それを探る前に、従来から取り組んできた安全活動や安全管理がなぜ「面倒くさい」と感じられるのか、なぜやっていて楽しくないのか、それを考えてみましょう。

◆古いタイプの安全管理（枠にはめ込み、強制する安全管理）

従来の安全管理では、手順や工程の標準化、ルールの設定、そしてこれらの教育訓練などが主たる手法として用いられてきました。ルールの遵守状況（違反状況）は安全パトロールや監査でチェックされ、ルールに違反していたときや、事故（労働災害、設備事故など）の原因がルール違反であったときは、厳しい指導が行われました。また、事故の件数が統計管理され、「事故の芽」としてのヒヤリハットの報告が求められました。

一方で現場の実務者たちは、危なくて取り扱いが難しい機械を使いこなし、危険な作業を行うのが「プロ」だと考えており、それが自分たちの誇りでもありました。作業手順は記憶するのが当たり前、手順書は新人が使うものでベテランが使うのは恥ずかしいことと受け止められていました。

このような一定の枠にはめ込み、強制し、精神論で解決しようとするタイプの安全管理や風土のもとでヒューマンエラーが起きると、「プロ意識が足りない！」「弛んでいる」と叱られ、懲罰的指導の対象とされることがありました。再発防止対策は、ルールの再教育、新しいルールの追加が一般的であり、エラーによる事故が起きるたびにルールが増えていきました。

その結果、つぎのような問題が発生するようになりました。

①ルールが多すぎて覚えきれない。

②ルールが実際の作業と合っていない。ルールどおりでは非効率。

③ルールとルールの間に不整合があり、ジレンマが生じる。

④ルールの修正漏れ、修正遅れが生じる。

⑤必ず守るべきルール（Must）と、「こうした方がよい」という標準的な方法（Better）が混在してしまい、柔軟な対応ができなくなる。

これらは、新たなエラー（ルール違反を含む）を発生させる要因になりました。

◆懲罰（責任追及型安全管理）の弊害 ―隠蔽と事故の再発を招く―

懲罰は事故の責任を追及し、過失の大小に応じてペナルティを科すものなので、「犯人探し」が必要になります。一つの事故に複数の人が関わっている場合は、事故の直接原因（直近の原因）となるエラーをした人が「犯人」になりました。エラーをした当事者は落ち込み、会社や仲間に迷惑をかけてしまったことを悔やみます。このような状況で「君はなぜあんな失敗をしたのか？」と聞かれても、「申しわけありません」と答えるのが精一杯です。また、エラーをした理由を話すことは、「弁解」「責任逃れ」と見られ、「言い訳をするな！」と叱られてさらに評価を落とすことになるので、「エラーをしたのは私一人の責任です」と非を認めることが潔い責任の取り方と考えられてきました。

一方、まわりの仲間は、当事者一人が悪いのではないことを知っていても、そのことを話せば「犯人」を増やすことになるので、真実を話そうとはしません。

このような懲罰的指導による安全管理のもとでは、「犯人」にされる仲間をかばいたいと思うのは自然なことであり、真実を話すことをためらい、ウソの証言をするようになります。たとえば、本当はスイッチのAとBを間違えたにもかかわらず、「原因はわかりません」「装置の誤動作だと思います」というように。この結果、原因究明に時間がかかり、設備の再稼働が遅れたり、歪められた情報によって事故の原因が決めつけられ、意味のない再発防止対策が立てられてしまいます。現場の人たちは、このようにして立てられた再発防止対策に効果がないことを知っているので、この対策に真剣に取り組むことはしません。

また、仕事におけるエラーには、消しゴムで消せるエラーと消せないエラーがあります。設計図を製作している段階でエラーがあっても、その後の審査で間違いに気がつけば直すことができるので、これは消しゴムで消せるエラーです。しかし、運転員がスイッチAとBを間違えて設備が止まってしまうケースは消しゴムでは消せないエラーになります。結果の重大性に着目して懲罰を行う場合、消しゴムで消せるエラーと消せないエラーとでは懲罰の科し方に差が生じてしまいます。

一般的に、現業の仕事は消しゴムで消すことができないことが多く、これに対し、現業を管理する側のエラーは消すことができます。管理部署でもエラーは起きますが、消すことができるエラーは問題視されることが少なく、現業部署の消せないエラーばかりが懲罰の対象となりやすいのです。このような構図ができあがると、大きな不公平感と不信感が生じ、結果的に働く人のモチベーションを下げ、現場の雰囲気を悪くしてしまいます。

さらに、懲罰が行われる職場や職種は敬遠され、優秀な人材が離れていってしまいます。たとえば、医療の場合、難しい手術をしない、治療が難しい患者の受け入れを拒むというように、リスクを避けることで懲罰から遠ざかろうとするケースが増えてしまいます。

事故に関する真実を話さない、ウソの証言をする行為、あるいは治療を拒む行為などは明らかなコンプライアンス違反であり、また不公平感、不信感が生じる状況は、風通しの悪い職場の典型的な例ですが、責任追及型の安全管理は、このような問題を発生させる大きなリスクを伴っているのです。

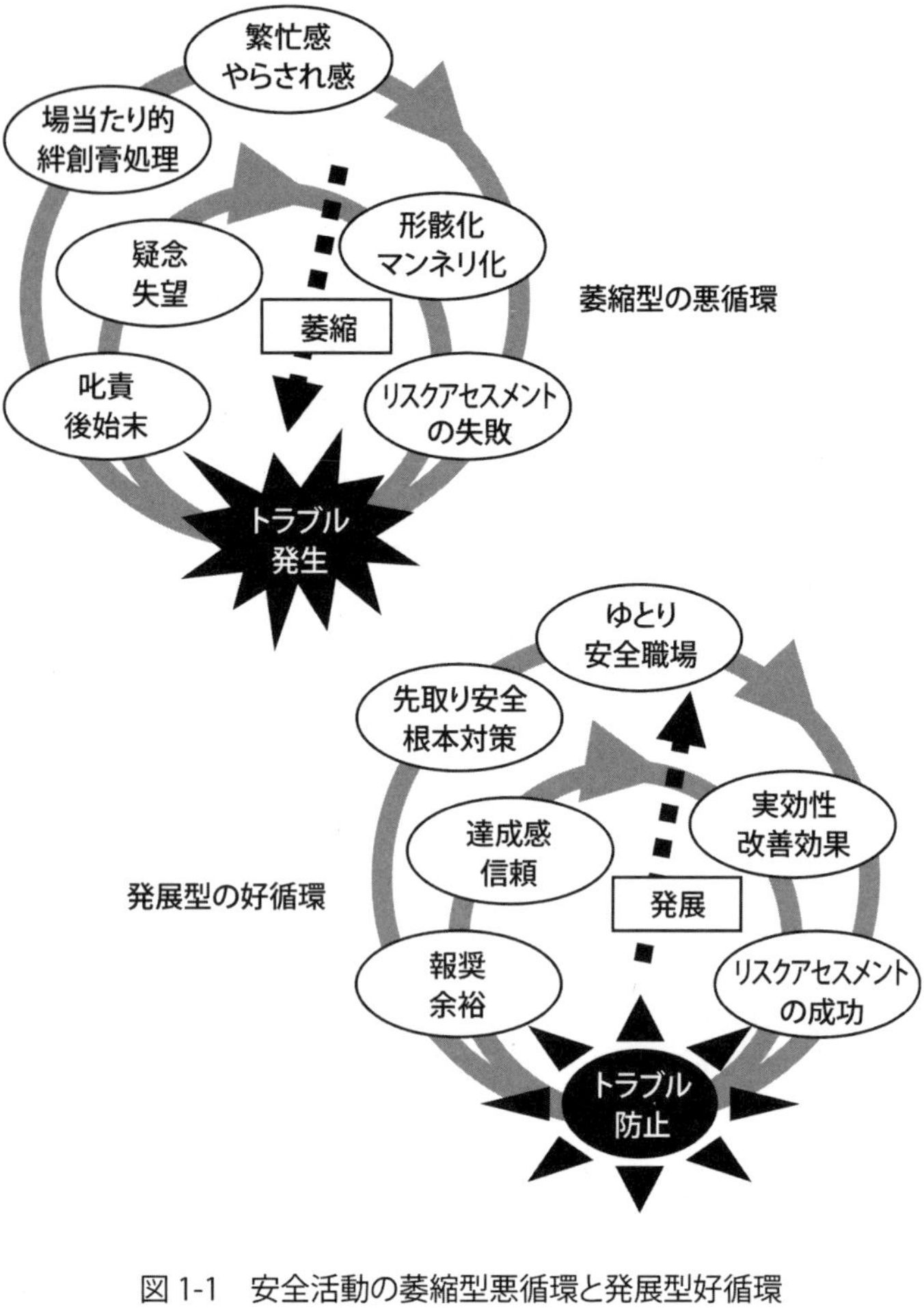

図 1-1　安全活動の萎縮型悪循環と発展型好循環

トラブルが発生すると懲罰的指導が行われるとともに、後始末をしなければならない。ルールの追加や再教育のような絆創膏的な再発対策が取られるが、このような対策を強制される現場は、不信感を抱くとともに失望し、効果のない対策によって繁忙感、やらされ感を増大させてしまう。この結果、対策はもちろんのこと、リスクアセスメントや危険予知などの活動は一層形骸化し、再びトラブルを発生させてしまう。

◆萎縮型の悪循環

このような好ましくない状況は連鎖し、現場の萎縮、安全活動の収縮を招き、つぎの事故が起きてしまうという悪循環を引き起こします。

その様子を図1-1に示します。

◆「ABC」とは言うものの

「(A) 当たり前のことを、(B) ばかにしないで、(C) ちゃんとやる」

これは安全の基本を説いたフレーズとしてとても有名です。現実に、ABCを実践していたら防ぐことができた事故や災害は数多くあります。一方で、ヒューマンファクターズの視点から見ると、ABCの実践はとても難しいことと言えます。「配管をまたぐな」「配管に乗るな」と言われても、すぐ近くに歩廊や踏み台がないと、「自分は大丈夫」と高をくくって「近道行動」という違反をしてしまうのがヒューマンファクターズなのです。

ABCの実践はとても難しいことでありながら、これを地道に実践していても褒められることはない、そういう職場は少なくありません。

「安全第一」と言うからには、安全活動に取り組むことや安全行動を日々実践することは重要な

「仕事」です。しかし、ほかの仕事は期限に間に合えば「よく頑張った」と褒められるのに、安全活動は「始業前のラジオ体操」のように評価の対象から外れてしまっているのです。ABCをはじめとする安全活動に地道に取り組んでも、褒められないし成果も目に見えて出てこないから、つまらないと感じてしまいます。安全活動が楽しくない原因の一端はこのような点にありそうです。

【解説】行動分析学

心理学の一つに「行動分析学」があります。人間が何かを行い、あるいはそれを行わないのには必ず原因があり、その原因を科学的に解明し、社会へ役立てる研究が行われています。人間の行動は、行動によってもたらされる効果の影響を受けます。ビールを飲むという行動は、飲むことによって喉の渇きがいやされ、心地良い酔いがもたらされるという効果があるので、また飲もうとします。

行動分析学によると、行動は、好ましいことが起きると強化され、起きないと弱化される、嫌なことが起きると弱化され、起きないと強化されるという原理があるそうです。強化されるとその行動は繰り返され、弱化されると行動しなくなってしまいます。

ルール違反と知っていて不安全行動を繰り返す理由、安全活動に熱心に取り組まない理由にも、何らかの強化、弱化の原理が働いていると考えられます。たとえば、不安全行動の場合、早くできる、楽ができることによる強化、あるいは叱られないという強化が働いている可能性があります。それでは、安全活動に熱が入らない、あるいは疎かになる理由は、行動分析学ではどのように分析されるのでしょうか？

3 安全管理から安全マネジメントへ

◆「管理」がもたらす高圧的なイメージ

「安全パトロール」という名目で違反の取り締まりを行い、「事故の芽」として失敗を報告させ、「安全教育」として違反による事故事例を教える（強制的に植えつける）、違反を犯した者への懲罰的指導を行う、従来はこのようなマイナス面に目を向けた安全管理が一般的でした。

ここであらためて「安全管理」について考えてみましょう。

私たちは、安全管理をはじめ、安全管理者、安全管理教育、安全管理マニュアルなどの用語をよく使っていますが、「管理」とは何でしょうか？　広辞苑では「管轄し処理すること。とりしきること」と書かれています。ちなみに「管轄」とは「権限によって支配すること」です。これでは、安全管理とは「安全を、権限によって支配し処理すること」になってしまいます。どうもピンとこないし、「縛りつける」高圧的なイメージが強いですね。

このように、「管理」には「権限によって支配すること」という意味があるので、管理する側とされる側の間には必然的に上下関係や権威勾配が発生し、安全管理の方法も自ずと高圧的、強制的なものとなりがちです。

このような管理（枠にはめ込み矯正する管理、縛りつけ、押しつける管理）のもとでは、やらされ感が強まるばかりか、マイナス面ばかりを強調する風土が根づいてしまいます。こうしたなかで事故が起きると、管理はさらに強化され、たとえ管理する側や管理手法に問題があってもそれに気づくことができません。結果的に安全管理のＰＤＣＡ（Plan-Do-Check-Act）サイクルが回らず、組織を取り巻く環境の変化や新たな課題に対応できなくなってしまうのです。

近年では高圧的なイメージが解消されている職場が増えていると考えられますが、事故が起きると、真っ先に「誰がやった？」という責任追及の発言が異口同音で発せられるようでは、古い風土がまだ残っていると考えられます。

◆安全管理から安全マネジメントへ

「安全管理」という言葉が使われ始めたのは近代になってからです。英語の「Safety Management」が「安全管理」と訳されました。私たちは「management」を「管理」と訳しますが、日本で使われてきた「管理」と近年の「マネジメント」とは意味が違ってきています。

米国においても、もともとは「management」を「人を服従させる」という高圧的な意味で使っていたようです。しかし、一九世紀後半からの工業化に伴い、科学的な経営管理の研究が進むなかで、「management」の意味や理解は変化していきました。現代における「マネジメント（Management）」はドラッカーによって体系化され、もともとの「management」とはまったく異なる解釈が成立しています。ちなみに、ドラッカーは「組織をして成果を上げさせるための道具、機能、機関がマネジメントである」と定義していますが、ここで機関とは、「仕掛け」「仕組み」「環境」と理解するとわかりやすいでしょう。

日本の「安全管理」は、米国の古い時代の「Safety Management」が直訳されたものであり、「管理」と「マネジメント」の意味や中身に大きな隔たりが生じている今日においては「安全マネジメント」を用いたほうが適切です。そして、従来の「管理」の枠から抜け出て、さまざまな道具、機能、仕掛けなどを駆使した「マネジメント」のステージへ高めていく必要があります。

◆古いタイプの安全管理の手法も大切

古いタイプの安全管理の限界と弊害について紹介しましたが、これまでの手法のすべてが悪い、あるいは時代遅れということではありません。危険予知（ＫＹ）やヒヤリハット活動など、従来の安全管理で使われてきた手法のなかには、今でも重宝されているものがあります。

また、懲罰的指導にはさまざまな弊害がありますが、懲罰的指導によるペナルティが必要なときもあります。手抜きなどの違反は、作業の負担を軽くし、表面的には作業の能率を上げているように見えることがあります。手抜きをしても、すぐには事故に結びつかないこともあるので、手抜きをしている人のほうが、一見すると成果を上げているように見えてしまうのです。このような状態を放置すると、「少しぐらいの手抜きは悪いことではない」「真面目にルールを守っていても評価されない」「クソ真面目は格好悪いだけ」という風潮が生まれ、職場の規律はどんどん崩れていってしまい、やがて大きな事故を起こすことになります。

故意による手抜き、悪質な違反行為には厳しく対処することは大切なことです。ジェームズ・リーズンはこれを、その著書『組織事故』のなかで「正義の文化」として、安全文化を構成する一つの要素であると言っています。

一方、近年では組織がフラット化し、上下間の階層が少なくなるとともに、鬼軍曹のような厳しい管理者が減りつつあるようです。この結果、職場のコミュニケーションが良くなるのであればともかく、「仲よしクラブ化」してしまう可能性もあります。社会のなかでお互いが気持よく生活していくためにマナーが必要なように、職場にもマナーがあります。職場のマナーを教え、守られていないときは叱るという「躾」は、職場の規律を維持し、明るく、気持ちよく仕事をするために必要なものです。また、5S（整理、整頓、清潔、清掃、躾）は、昔も今も、これからも、安全の基本だと言えます。

【解説】「management」の語源

「management」は経営あるいは管理などと訳されますが、語源的には「manage」という動詞と「ment」という接尾辞（接尾語）で構成されています。「manage」の語源は、ラテン語の「手」（manus）であり、「馬の手綱をとること」「馬を飼い慣らすこと」という意味で用いられるようになったと言われており、「人を扱う」「服従させる」「経営する、管理する」という意味を持つようになりました。また、「ment」には「手段」「動作・過程」「状態・性質」という意味があります。このため、「management」は単なる「経営」や「管理」ではなく、その手段や過程、状態を包含していると理解することができます。

4 安全マネジメントは誰の役割？

◆現場の実務者は誰もがセーフティマネージャー

「マネジメント」を「管理」と訳している組織では、多くの実務者が「マネジメントはマネージャー（管理職）の仕事」と理解しているでしょう。この理解は、ある側面では正しいのですが、別の側面では誤解を招く可能性があります。

経営資源である「ヒト、モノ、カネ、情報」は、経営層やライン管理職の権限下に置かれているので、この側面ではマネジメントは管理職の仕事だと言えるでしょう。

しかし、一人の管理職がすべてのことに直接関与することはできないので、部下を動かすことで成果を上げることになります。「安全」の場合、管理職は「ヒト、モノ、カネ、情報」などの経営資源をマネジメントすることで間接的に「安全」をマネジメントするのに対し、実務者は管理職から委ねられた経営資源を活用することで、直接「安全」をマネジメントするのです。

近年では、従来の部・課長に使ってきた「マネージャー」のほかにも、「プロジェクトマネージャー」「アセットマネージャー」「アカウントマネージャー」のように、さまざまなマネージャーが存在しています。

現場の実務者はみな「セーフティマネージャー」であると言っても過言ではありません。

◆「安全」「危険」と「リスク」の関係

そもそも「安全」とは何でしょうか?

これまで、「安全」という用語を繰り返し使ってきました。みなさんも違和感なく読んできたと思います。しかし、「安全の定義は?」と質問されて、明確に答えることができますか?

「安全の反対は何?」と聞かれれば、だれでも「危険」と答えるはずです。広辞苑で「安全」を引いてみると「安らかで危険がないこと」と書かれています。危険には大きい小さいがありますが「危険がないこと」が安全であれば、安全には大きい小さいがないことになります。ところが、私たちは「安全性が高い(低い)」という表現を使っています。安全にも大小の差がありそうです。

図1-2に、安全と危険の関係を表現してみました。右へ行くほど安全であり、左へ行くほど危険であることを意味しています。では、中央部分はどのような状態でしょうか?

「安全でも危険でもない状態」「安全か危険かわからない状態」といった答えが返ってきそうです。では、高層ビルの建設現場を考えてみましょう。高層階で鉄骨を組み上げる作業は一歩間違えば墜落して死亡する危険な作業です。一方で、内装工事にかかったフロア内の作業は鉄骨組み立て作業に比べれば安全な作業に思えます。しかし、実際はどうかというと、フロア作業でも災害は発生しています。脚立を立てて天井作業をしていて、ひっくり返って死亡する事故だって起きています。災害の発生状況でみれば、どちらが安全でどちらが危険かは判断がつきません。飛行機は地上にあるあいだは墜落することはありませんが、地上にいたら安全かというと、火災が発生するかもしれないし、走行中に他の航空機や車両と衝突する可能性もあります。

このように考えていくと、安全な状態というものは存在しないように思えてきます。

そのとおり、私たちのまわりにあるのは危険のみであり、危険性が高いか低いかの違いがあるだけです。

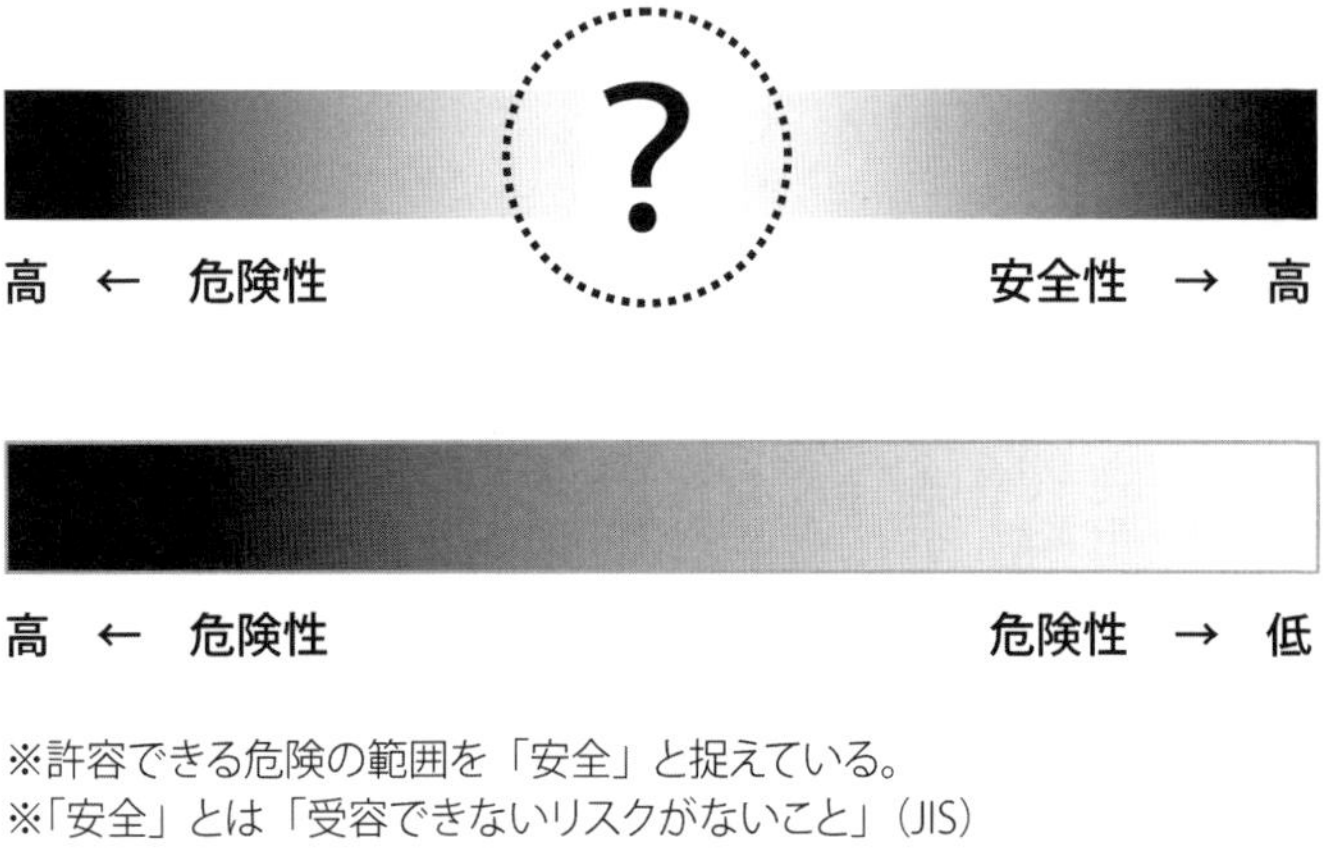
?
高 ← 危険性
安全性 → 高
高 ← 危険性
危険性 → 低
※許容できる危険の範囲を「安全」と捉えている。
※「安全」とは「受容できないリスクがないこと」（JIS）

図 1-2 「安全」の定義

私たちは、自分にとって許容できる危険の範囲を「安全」と捉えているのです。許容できるかどうかは人によって異なります。F1のドライバーは高速道路を時速一〇〇km以上で走行していてもそれほど危険とは感じないでしょうが、若葉マークのドライバーは危険だと感じるはずです。

また、「安全か危険かわからない状態」をどう捉えるかも個人差があります。

目の前に鎖につながれていない大型犬（ここでは、怖そうなドーベルマンにしておきましょう）が突然現れて唸り声をあげたら、誰でも危険だと感じます。しかし、鎖につながれている場合はどうでしょうか？ 安全だと考える人もいるし、もしかしたら鎖が切れるかもしれないと考え、危険だと感じる人もいるでしょう。この危険かそうでないかの感じ方の違いが危険感受性ということになります。

なお、日本工業規格（ＪＩＳ）では、安全を「受容できないリスクがないこと」（JIS Z 8051）と定義しています。この定義は、国際標準化機構（ＩＳＯ）における安全（safety）の定義「freedom from unacceptable risk」を翻訳したものですが、「安全」は「リスク」を用いて定義されていることがわかります。また、JIS Z 8051では、「安全」「安全な」という用語の使用について、リスクがないことを保証していると誤解されやすいことから、使用を避けることが望ましいとしています。このため、「安全ヘルメット」は「保護ヘルメット」のように、目的を示す表現に置き換えることが望ましいとされています。

さて、「安全マネジメント」とよく似た用語に「リスクマネジメント」がありますが、どのように使い分けたらよいのかわからず混乱することがあります。

前述のように、安全な状態は存在しないとすれば、「安全マネジメント」ではなく「危険マネジメント」のほうが正しいと言えるかもしれません。

では、「危険マネジメント」とは、どのようなものでしょうか?

端的には、危険な状態を安全な状態（許容できる程度にまで危険を小さくした状態）へ変えていくことだと言えます。しかし、目に見える危険を小さくすることは比較的簡単ですが、事故や災害のほとんどは、それが起きるまでは危険を危険だと思っていなかったことを考慮すると、目に見えない危険、潜在している危険にどう対処していくかが重要だということになります。

目に見えない危険、潜在している危険は「リスク」と言い換えることができるので、結局、「危険マネジメント」と「リスクマネジメント」は広義に捉えて同じものであると考えて差し支えないでしょう。

「安全マネジメント」は、労働安全、産業事故防止の分野でできあがってきた概念であるのに対し、「リスクマネジメント」は金融、損害保険の分野で発展し、その後さまざまな産業分野でも用いられるようになってきました。この結果、「リスクマネジメント」は企業の財務リスクや不祥事などあらゆるリスクを扱いますが、労働安全や産業事故防止を対象とした「安全マネジメント」では、扱うリスクの範囲が限定されます。この本は労働安全や産業事故防止に軸足を置いているので、以降の記述は、この分野で一般的に使われている「安全マネジメント」を用います。

事例 「安全第一」に熱心な企業

「安全第一」の方針はどこの工場や工事現場でも掲げられています。航空、鉄道、医療の分野でも同じです。しかし、「安全第一」がただのかけ声や標語になってしまい、明確な行動指針になっていない現場が多いのではないでしょうか？

「安全第一」と言いつつ、従業員たちは、実際には生産や工期を優先して行動していることがあります。また、「生産第一」とは考えてはいないけれど、危険であることを認識しながらも動いている機械に手を出してしまうケースがありますが、この場合も結果的には「安全第一」が明確な行動指針として定着していなかったということです。さらに、「安全第一」を大きく掲げながら、実際に災害が発生してみると、作業の遅れを取り戻したい、生産を間に合わせたいという思いや焦りから、十分な原因究明や再発防止対策ができていないにもかかわらず、工事や生産を再開してしまうケースが見られます。再開のGOサインを出すのは現場の責任者であることが一般的なので、このようなことがあると、従業員たちは「安全第一」は単なる標語であって、「既製品の横断幕を飾っているだけ」「やっぱり生産が第一だ」と理解してしまいます。

「安全第一」をかけ声だけで終わらせないためには、どうしたらよいのでしょうか？「安全第一」を標語に掲げるだけでは、生産や納期、品質も、安全と同列に「第一」だと考えてしまうものです。「安全第一」「品質第二」「生産第三」のように、プライオリティを明確にすることができればわかりやすいのですが、現実的には「これらは同列一位であって順番づけなんてできない」「そもそも安全第一って漠然としてよくわからない」と考えている実務者も少なくないでしょう。「安全第一」は一見すると大変シンプルでわかりやすい標語ですが、実は具体性に欠けていてわかりづらい表現だと言えます。

それでは「安全第一」を企業のポリシーとして定着させている事例を二つご紹介しましょう。オーストラリアのカンタス航空は、「安全第一」を企業理念のトップに掲げ、これまでに墜落などの全損事故を一度も起こしていない航空会社としてよく知られています。同社の「安全第一」のポリシーは、つぎの簡潔な言葉で受け継がれています。

「Safety before Schedule」
「Better late than never」
「スケジュール（定時運航）よりも安全が優先される」それはなぜか、「到着しない（すなわち事故を起こすこと）よりも遅れるほうがましだから」

デュポンも安全を企業理念の第一に掲げ、実践している企業としてよく知られています。

同社は、一八〇二年の米国デュポン社創立以来、二〇〇年以上にわたり「我々は安全かつ環境保全上、適切な方法でない限り、いかなる製品も製造し、取り扱いし、使用し、販売し、輸送し、廃棄することはしない」という基本理念を大切に受け継いでいます。同社では、一八一一年に最初の安全規則を制定し、一九一二年には安全統計を開始、そして一九四〇年代には「すべてのケガは防ぐことができる」という原則を確立、一九五〇年代には業務外の災害も安全統計に加えることで、社員の安全意識と実践の徹底を図っています。

一九八〇年代に入るとデュポンの安全分野での豊富な経験は各産業界で応用されるようになり、「すべる・つまずく・ころぶ」事故防止安全プログラムは、ＮＡＳＡのジョンソン宇宙センターにおける同事故の発生率を七七％も減少させたと言われています。日本では昭和四七年（一九七二年）に労働安全衛生法が施行され、これを機に死亡災害の発生件数はそれまでの年間六〇〇〇～五〇〇〇人台から三〇〇〇〇人台まで一気に半減し、現在では一五〇〇人台まで下がっていますが、デュポンでは日本の大正期には安全統計を開始しているなど、安全への取り組みの先進性とその成績は群を抜いています。

【解説】「安全第一」

一九一七年（大正六年）九月、逓信《ていしん》次官（当時）内田嘉吉《かきち》によって一冊の本が出版されました。その題名は『安全第一』。内田は逓信官僚として欧米をはじめ多くの海外を視察するなかで、アメリカで見た「Safety First」に強い関心を持ちました。その頃のアメリカでは、電車の昇降口、踏切、工場をはじめ、ホテル、劇場、料理店などさまざまなところに「Safety First」が掲揚されていたのです。内田はこれを一時の流行と捉えるのではなく「文明の要求が生み出した、一個の時代精神である」と解釈しました。逓信次官となった内田は、一九一六年に「安全第一主義」と題する新聞記事を掲載し、翌年には、東京電気（現在の東芝）の庶務課長で社内での安全運動に尽力していた蒲生俊文《がもうとしぶみ》らと「安全第一協会」を設立して会長に就任するとともに、機関誌「安全第一」の刊行を始めました。そしてその年の九月に『安全第一』を出版したのです。

一九一九年にはわが国ではじめての「安全週間」が東京で実施され、蒲生が提案した

「緑十字」がそのシンボルマークとなりました。ちなみに、蒲生が社内で安全運動を始めたのは、悲惨な感電事故の現場を目撃したのがきっかけでした。蒲生は一九二四年に東京電気を退職した後も、わが国の安全運動の中心的存在として活躍しました。

内田や蒲生らの活動は、その後、産業界をはじめとする各界に広がり、一九二八年（昭和三年）には第一回の「全国安全週間」が開催され、今日に至るまで一度も途切れることなく続けられています。

なお、内田が『安全第一』を出版する五年前の一九一二年、古河鉱業足尾鉱業所所長（当時）の小《お》田《だ》川《がわ》全之《まさゆき》は「Safety First」を「安全専一」と訳した標示板を坑内外に掲げ、我が国の事業場で初めて安全運動を開始しています。

第2章

仲間をその気にさせる仕掛け

①　水辺に馬を連れて行くことはできるが、水を飲ませることはできない

②　その気にさせる「気づき」を得る仕掛けや工夫

③　安全レベル・安全活動の見える化

新米安全リーダーの鈴木さんは何とか現状を変えていこうと模索しますが、同僚の協力を得ることができず孤立してしまいました。

なぜみんなその気になってくれないのだろう？

1 水辺に馬を連れて行くことはできるが、水を飲ませることはできない

You can take a horse to water but you can't make him drink.

「水辺に馬を連れて行くことはできるが、水を飲ませることはできない」。これは西洋の有名なことわざで、人材育成の場面でよく引用されます。

第1章で登場した鈴木さんは、上司から突然、安全リーダーを任され、何をしたらよいかわからず同僚に相談しましたが、同僚から協力を引き出すことはできないまま孤立してしまいました。

安全リーダーのような活動の推進役がいくら旗を振っても、周囲は無関心のまま活動に参加してくれないという状況は珍しくないでしょう。

思い返せば、私たちだって子供の頃、親から勉強をしろとうるさく言われ反発した経験がありま

す。興味のある科目はどんどん頭に入るのに、興味がない科目は頭のなかを素通りしていくだけ、そんな経験は誰にでもあるでしょう。社会人になってからも、職場の親睦行事の幹事を任されたとき、文句ばかり言って協力してくれない人、わがままを通そうとする人に苦労したり、ノリが悪い一人のために場の雰囲気が悪くなって困ったことがあると思います。

また、「自分はミスをしない、事故を起こさない」と高をくくっている人に、「人間は誰でも間違えますよ。あなたも安全活動に取り組むべきだ」と諭しても、聞く耳を持たないでしょう。

このように、無関心な人、そっぽを向いた人をその気にさせるには、どうしたらよいのでしょうか?

◆「馬」を連れて行く人がいない?

同僚を「馬」にたとえるなど大変失礼ではありますが、ことわざの話として進めていきます。

「水辺に馬を連れて行くことはできるが、水を飲ませることはできない」ということわざは、飼い主に従順な馬が前提となっていますが、相手が人間の場合は、さらに難しいことになりそうです。

安全教育を含めた人材育成全般について、私たちの職場の状態を振り返ってみましょう。

すると、「馬を連れて行くことすらできない」「馬を連れて行く人がいない」「水辺へ連れて行ったふりをする人がいる」「水辺って何だ？　どこにある？」などなど、「水を飲ませる」よりも前段階の問題が見えてきます。

それらが現実の問題か否かはともかく、このような悩みを抱えている職場は少なくないと考えられます。原因は何でしょうか？

- ●社員の数が減った（忙しくて後輩の面倒を見ていられない）
- ●管理職も実務をしなければならない（部下の教育が後回しになる）
- ●自分の成果を上げることが大切（後輩を育てるより自分が大事）
- ●社内教育制度がある（教育はOff-JTに任せておけばよい）
- ●マニュアルが整備されている（仕事はマニュアルどおりこなせばよい）
- ●プライベートを優先する人が増えた（自己啓発に取り組まない）

などなど、昨今のさまざまな職場環境が影響している可能性が考えられます。このような状況の大半、あるいは一部は、産業安全に何らかの影響を及ぼしていることは事実でしょう。しかし、これらを元に戻せば問題が解決するほど単純なものではなく、戻すことも現実的にはできません。

私たちは、問題の原因を前述のような環境のせいにするのではなく、環境の変化に対応していかなければなりません。環境の変化はいつの時代でもありましたが、近年はそのスピードが早いので、「追いついていけない」とあきらめてしまいがちです。しかし、ここであきらめてしまってはダメなのです。

前述のような問題をひとまとめにして表現すると、「誰もが自分の目の前の仕事をこなすことや、自分のプライベートなことで精一杯」ということです。すなわち、目先のことだけに関心や注意が集まり、自分がどのような状況に置かれているのか（いまの状況に安住していてよいのかどうか）を知ろうとしない、考えられないということです。

結局は、冒頭のことわざが示しているとおり、本人が「水を飲みたい」と実感するか、「水を飲まなければいけない」と気づくことが大切なのです。

◆気づくことの大切さ

人間や組織が成長していくプロセスはつぎのように整理できると言われています。

知識の変革	「それを知る」 「その価値に気づく」
意識の変革	「できると思う」 「やる気になる」
行動の変革	「実践する」 「振り返る」 「改善する」

自動車の運転免許を取得した頃のことを思い出してください。私たちは、自動車の存在も、免許を取得できる年齢も知っていました。そして、免許を取得するためには、道路交通法や車の構造など、さまざまな知識に加え、運転する技能が必要であることを理解します。ここで、「あー面倒くさい」とあきらめてしまえば、免許を取得することはできません。私たちは、「遠くへ行ける」

「自由に行ける」「早く行ける」というメリットに「気づく」ことで免許を取得したいと考えたはずです。「事故を起こすかもしれない」という危険に気づいた人もいるでしょう。自動車学校へ通えば取得できると思い、通う気になり、自動車学校で実践、振り返り、改善を繰り返しながら、免許を取得しました。

このプロセスにおける最初のターニングポイントは、もちろん「気づく」ことです。自動車の便利さとその裏側にある危険に気づいたからこそ、自動車学校へ通うという判断が選択されたのです。

2 その気にさせる「気づき」を得る仕掛けや工夫

私たちは、「喉が乾いた」「そろそろ水を飲んでおかないと後で喉が乾いて大変だ」、あるいは「美味しそうな水だ」と感じないと、水を飲みません。

また、厄介なことに、本当は飲みたいと思っていても、押しつけられたり、もったいをつけられたりすると、反発して飲むのを我慢してしまうことがあります。

安全活動や安全教育も根本は同じだと考えられます。

まずは、安全活動や安全教育の必要性に自ら気づくことが大切です。そのためには「いまのままでは自分は事故を起こすかもしれない」「お客様や同僚を傷つけてしまうかもしれない」ということに気づき、危機感を持つこと、また、事故を起こすとどうなるのかを心で理解することが求められます。

安全リーダーの鈴木さんは深い霧のなかに入りこんでしまいましたが、何冊かの本を読み、自分や自分の職場に置きかえてみることによって、「水辺」あるいは「水」が何なのか、ぼんやりわかってきた気がしました。それは、「人間は誰でも間違える」というヒューマンファクターズの基本や、「自分はミスをしない」と威張っていた人が起こした事故の事例、そして事故の教訓から導き出された対策など、「そうだったのか」という気づきでした。

この気づきを仲間へ伝播させていくことが大切です。そして、安全活動や安全教育が自分のために役立ちそうだ、やりがいがありそうだと思ってもらえると、自ずと力が入ります。

さて、自社や同業他社で発生した事故やトラブルの周知や研さんはどこの職場でも行われています。しかし、その方法は、「いつ、どこで、何が起きた」という表面的な事象の紹介と、「基本を再徹底すること」というような（毎度の）警告で終わっていないでしょうか？ この方法でも「同じことを起こしたら大変だ。気をつけよう」という意識の向上は期待できますが、それは一時的なものであって、「そんなミスをするなんて、間抜けなヤツだ」「ルールを守らない、いい加減なヤツがしでかしたに違いない」「自分は（自分たちは）大丈夫」のように対岸の火事視してしまい、数日もすれば意識から消えてしまいます。

基本やルールが守られなかったり、思い込みや勘違いといったエラーをしてしまうのには理由があります。なぜ基本やルールからの逸脱が起きたのか、なぜエラーをしてしまったのか、その背景やそのときの状況がリアルにわからないと、問題の本質に気づくことはできません。気づいてもらうためには、表面的な事例の紹介や一般化した知識教育ではなく、〝そうだったのか〟と気づかせる「仕掛け」が必要なのです。

いかにして気づかせるか、つぎはそのヒントとなる「仕掛け」の事例をいくつか紹介します。現場の安全リーダーがつぎに紹介するような施設を導入することは容易ではありませんが、そのような施設がなくても、そこで行われている手法を現場における安全活動や安全教育に応用することで気づきを促すことができます。

◆失敗させて気づかせる訓練

ＪＲ東日本では一九八八年一二月に東中野駅で発生した列車衝突事故を踏まえ、異常時の対応能力向上を図るため、一九九一年に東京総合訓練センターを開設し、以降、各支社に総合訓練センターを設置しました。そのなかの一つ、横浜総合訓練センターでは、各路線と職種ごとに設定された訓練が四〇コース用意されており、年間約一五〇〇名が受講しています。同センターには、本物の車両を走らせる約四五〇mの訓練線をはじめさまざまな訓練設備がありますが、シミュレータには、一九九七年一〇月に中央線大月駅で発生した列車衝突事故を教訓として開発された「事故予防型シミュレータ」が導入されています。

このシミュレータには、電車や保安装置の故障、駅や踏切での異常な事象、悪天候など九〇項目に及ぶ訓練シナリオが用意されており、指導員が工夫してこれらを組み合わせる

図 2-1　事故予防型シミュレータ訓練風景（提供：JR 東日本）

ことで『失敗させて気づかせる訓練』を行っています。この訓練を受けるのは十分な知識、スキル、経験を有する現役の運転士たちです。ベテランの運転士ともなると、日々の乗務に不安を感じることもなく、「自分は大丈夫」と考えているでしょう。しかし、その慣れや油断が致命的な失敗を招くことがあります。

たとえば、マニュアルどおりに「基本の対応」ができても、その「基本」が定められた理由まで理解していないと、応用がきかないことがあります。また、個別のトラブルには対応できても、複数のトラブルが重なると、思い込みや勘違い、錯覚をしてしまうことがあります。

この訓練では、最初にいくつかの小さなトラブル（車両故障や悪天候など）を起こすことで、思い込みや勘違いを起こしやすい状況や、過去の重大事故が起こる直前の状況（サブシナリオ）が仕込まれます。その上で、対応を誤れば最悪の事態を招くメインのシナリオがスタートします。この結果、普段なら難なく対処できるはずなのに、衝突や脱線のような大事故の罠にかかってしまうという経験をします。

このようにして、あえて失敗をさせることで「自分は間違えるかもしれない」「基本は理解していたつもりだったのに本質までわかっていなかった」といった『自分のもろさ』に気づかせることで、危険感受性が高まり、エラーが起きやすい状況に敏感になります。また、「なぜ間違えたのか」「どうすればよかったのか」を振り返り、考えぬくことで、「基本」を再確認しつつその背景や本質を理解できるようになり、これが異常時における応用力の向上につながるのです。

◆事故の歴史展示館

現場の実務者は誰でも、事故を起こしたら「大変なことになる」ことは知っています。また、過去に自社や業界で起きた重大事故についても、ある程度の知識は持っているでしょう。しかし、どう大変なのか具体的にイメージできず、表面的な知識しかない状態では、「自分は大丈夫」と思ってしまい、事故を起こしてから後悔することになります。

「知る」と「わかる」は同じようなことばですが大きな違いがあります。「知る」はただ頭のなかに知識がある状態であり、その知識をどのように活用したら何ができるのかわかっていないので行動が起こせず、なんの成果も得られません。一方の「わかる」は、その知識の価値に気づき、その使い方が理解できている状態であり、行動を起こすことができます。使い方を間違えなければ好循環を生むことが期待できます。

事故の知識も「知る」から「わかる」へと高めることで、その教訓を確実に伝承し、事故防止に生かすことができるようになります。事故の遺産を社員研修に役立てる取り組みが行われていますが、そこでは実物や写真パネルを展示するだけではなく、「わかる」ためのさまざまな工夫が取り入れられています。

①ＪＲ東日本「事故の歴史展示館」、ＪＲ西日本「鉄道安全考動館」

ＪＲ東日本の「事故の歴史展示館」は同社総合研修センター（白河市）内に二〇〇二年に設置されました。旧国鉄時代の事故やＪＲ発足後に同社が経験した事故など、「忘れてはならない事故」二八件の内容と対策を、パネル、ビデオ映像、模型、ＣＧなどを使って展示しています。現在のルールや保安システムが、どのような事故の対策として導入されたのか、これを守り、正しく使わないとどんなことが起きるのかがわかりやすく解説されており、また、当時の新聞報道、被害者の声もあわせて展示することで、事故はどれほど悲惨であるか、厳しい社会的非難をどれだけ受けるのかを、リアリティを持って理解し、心で受け止めることができるようになっています。

展示されている二八件は、事故の重大性だけを基準に選ばれているわけではありません。一つひとつに、それぞれ意味があります。たとえば、展示館の入口には特急電車の車輪が置かれています。車軸が摩耗して走行不能になったものですが、駅を通過中のこの特急電車の車輪から火花が出ているのを見た駅員がただちに指令室へ連絡したことにより、車輪が脱落して脱線転覆する前にこの電車を止めることができました。「おかしいと感じたら、自分の業務に直接関係しないことでもただちに行動を起こすことの大切さ」を訴えかけているのです。このほかにも信号冒進（停止信号による停止位置を越えること）事故、保守事故、踏切事故、火災、災害など、事故の形態ごとに忘れてはならない教訓が示されています。

この展示館ではベテランの指導員が「語り部」としてナビゲートし、わかりやすく指導してくれます。展示物だけでは伝わりにくいところを、説得力のある言葉で補うことで、受講者をその気にさせているのです。なお同社では、二〇〇九年度から安全についての知識が豊富で応用力のあるOBを「安全の語り部（経験の伝承者）」として組織化し、経験や技術の伝承に取り組んでいます。

一方、JR西日本の「鉄道安全考動館」は、同社の安全諮問委員会からの提言を受けて、同社の社員研修センター（吹田市）内に二〇〇七年に設置されました。「福知山線列車脱線事故研修室」と「鉄道事故歴史研究室」で構成されていますが、「福知山線列車脱線事故研修室」では、事故現場を再現した模型のほか、当時の写真や報道資料、遺族や負傷者から寄せられた声、事故対応にあたった社員の思いなどがパネルで展示されています。

この「考動館」という名称には、社員一人ひとりが安全について深く考え、具体的な行動に結びつけてほしいという願いが込められています。同社は福知山線事故を受けて策定した「安全性向上計画」（二〇〇五年五月〜）に続き、「安全基本計画」（二〇〇八年〜）、「安全考動計画」（二〇一三年〜）に取り組んできましたが、東日本大震災などの事例を踏まえ、マニュアルでは対応できない事態に直面した際には、現地で運転士らが的確に判断し、人命を最優先に、柔軟に「考動」することが重要であるとしています。

②日本航空「安全啓発センター」、全日空「ANAグループ安全教育センター」

日本航空の「安全啓発センター」（東京都大田区）は、同社が二〇〇五年に設置した社外有識者で構成する安全アドバイザリーグループからの「現場と実物は重要な教科書」という提言を受けて、二〇〇六年に開設されました。JAL一二三便（一九八五年の事故）の残存機体、座席、遺品、乗客が残した遺書、事故の新聞報道、現場写真などが展示されています。ここでは、展示内容から「何を学ぶか」を教えることはせず、自分で感じ、考えることを求めています。過去の事故と真正面から対峙することで、安全運航の大切さを「知識」のみならず「こころ」で理解するようにしています。

なお、同社は、「現地・現物・現人」教育に取り組んでいますが、「現地」とは御巣鷹山の尾根への慰霊登山、「現物」は安全啓発センターの残存機体などとの対峙、「現人」とはご遺族や事故に直接かかわった方へのインタビュー映像のことです。一二三便事故の経験者が退職していなくなるなかで、このような教育を継続することで次の世代への着実な継承を図っています。

「ANAグループ安全教育センター」（東京都大田区）は、「バーチャル・ハリウッド」という社内提案制度で出された社員からの提案を受けて、二〇〇七年に開設されました。同社の最後の死亡事故（一九七一年の雫石衝突事故）から三五年以上が経過し、社員のほとんどが事故以降の入社と

ガイダンス・シアター

事故機体実物展示

三大事故展示

世界の事故から学ぶ

ご遺族・先輩の言葉を
胸に刻む

誰でも起こすヒューマンエラー
安全を守る仕組みと行動

図 2-2　ANA グループ安全教育センターの展示内容（提供：ANA）

なり、事故の苦しみを直接的に知らないことに危機感を抱いた若手社員からの提案であり、当時の山元社長の強い意志によって実現しました。

ここでは、同社が経験した三大事故（一九六六年の羽田沖墜落事故、同松山沖墜落事故、雫石衝突事故）を主として学ぶとともに、関係者の証言を聞き、事故機体の一部を見ることで事故の重大さを心に刻む教育を行っています。また同施設には「ヒューマンエラー体験コーナー」が併設されており、エラーの体験学習を通じて「自分は今後何をしていけばいいのか」を考えることを求めています。

なお、「安全啓発センター」（日本航空）、「ＡＮＡグループ安全教育センター」（全日空）とともに、部外者の見学を受け入れています。

事例　間違った信号を見て

一九九七年一〇月一二日、山梨県のＪＲ中央線大月駅構内で回送電車の入換をしていた運転士（二四歳）が、下り本線側の信号機を自分の信号と勘違いし、側線から本線へ進入したところ、本線を走ってきた特急スーパーあずさ13号の側面に衝突しました。この事故で、双方の電車が脱線し、多くの負傷者を出しました。

電車の信号機は通常、運転士から見て左側に設置してありますが、この駅では側線から本線へ入る信号機が運転士から見て右側に設置してありました。この運転士は、一〇月のダイヤ改正後初めての仕事で、入換開始時刻がきたことから焦り、普段見ている左側の信号機を見て、回送電車を出発させたことがわかりました。なお、ATSの電源は運転士によって切られていました。

◆危険感受性を高める危険体験型研修

前章で、危険感受性とは「危険かそうでないかの感じ方の違い」と表現しました。これは、危険をいち早く感じ取り、その危険の大きさを正しく把握できる能力と言い換えることができます。

危険感受性を高めることができれば、その人はより多くの危険に気づくことになります。危険に気がつきながらそれを放置することは、不安や後ろめたさなどの不快な感情が伴うので、「何とかしよう」という気持ちが芽生えます。問題意識が低い人は誰かに伝えるだけかもしれませんが、問題意識が高い人は自ら行動を起こすでしょう。危険感受性を高めることも、気づきを与え、その気にさせる仕掛けになります。

それでは、危険感受性を高めるためには、どのような教育訓練あるいは体験が必要なのでしょうか？「生まれ持った才能みたいなもので、訓練では向上できないのでは？」という意見もありそうです。現時点では、危険感受性を高めるための効果的な訓練手法として確立されたものはありません。しかし、最近の研究で危険感受性を高めるためのヒントが少しずつわかってきました。

　電力中央研究所のヒューマンファクター研究センターが行った危険感受性に関する研究では、事務作業のなかに隠れている危険に対する感受性が高い人は、技術作業（工事など）における危険に対する感受性も高いことが確認されています。このため、事務作業または日常生活の場面を題材とした危険予知訓練は、危険感受性の向上に効果があると期待できそうです。これは、日頃のＫＹ活動の積み重ねが危険感受性を高めることにも通じるということです。


　このようななかで、近年、工事作業者を対象とした危険体験型研修が人気を集めています。墜落、感電、巻き込まれなどの災害を疑似体験して、災害の怖さ、安全帯や保護ヘルメットの大切さなどを身をもって学ぼうというものです。

　墜落の場合は、等身大の人形を数メートルの高さから落として、その衝撃のすごさを実感します。また、人間の頭を模した植木鉢の上に工具を落として、植木鉢がパカンと割れる状況を確認します。巻き込まれの場合は、ローラーに巻き込まれた布を引っ張り、人間の力では引っ張り出せないことを体感します。

　このような体験型研修は、従来のテキストやビデオによる教育と異なり、実際に体験・体感することで研修効果を高めることをねらっています。しかし一方で、「何だ、こんな程度か。大したこ

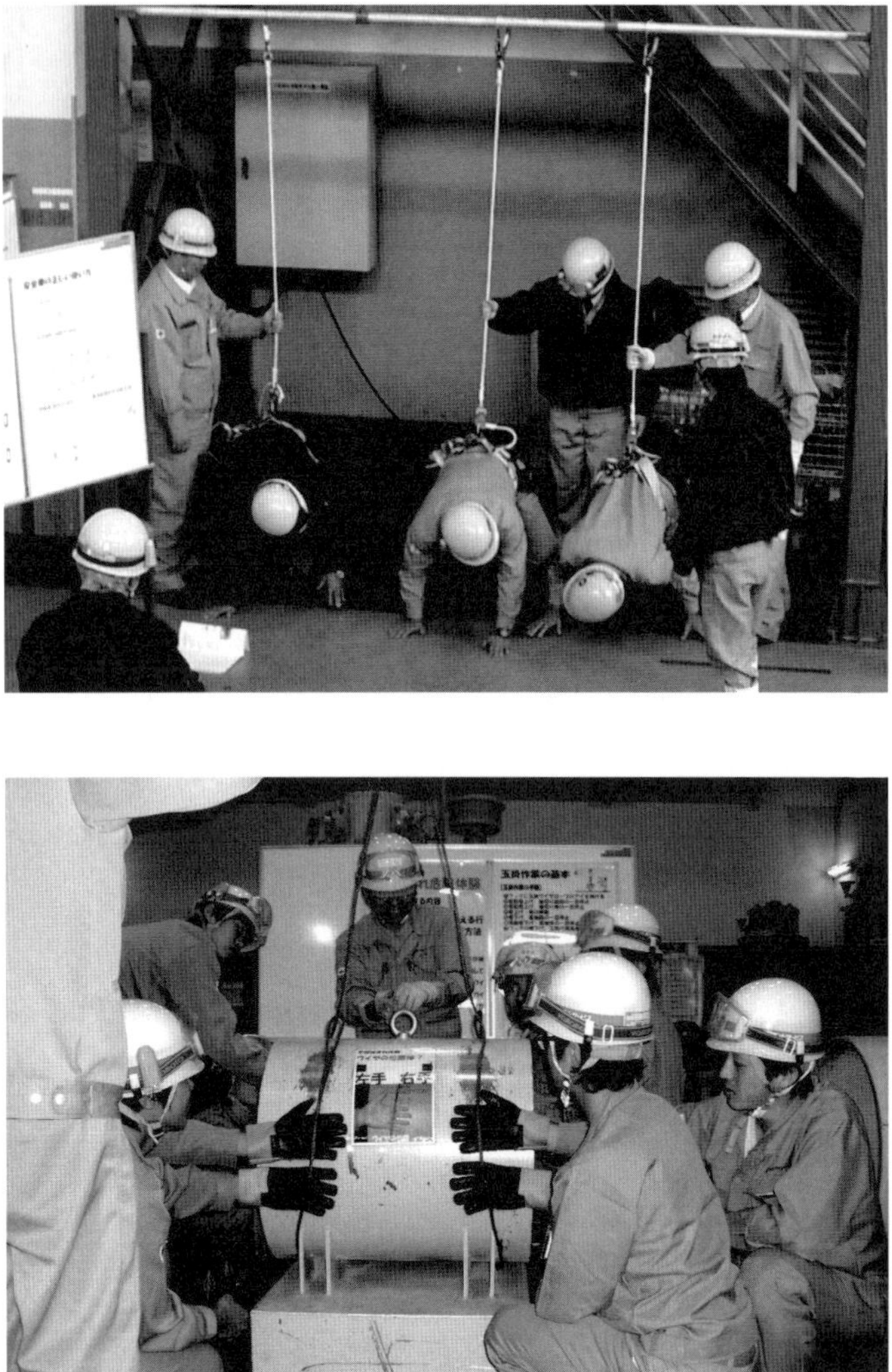

図 2-3　危険体験型研修の様子（提供：中部プラントサービス）

となぃな」「自分なら大丈夫だ」などと危険を軽視してしまう人が出てくるという問題も指摘されています。

では、危険体験型研修をより効果的にしていくためには、どのような工夫が必要でしょうか？

危険体験型研修では、ただ体験させるだけではなく、過去に起きた災害の事例、災害を発生させないための対策の工夫、現場に戻ったときの安全指導の方法などもわかりやすく解説することが大切です。とくに過去事例の研鑽にあたっては、事例そのものだけでなく、事後処理がどのように行われたのかも伝える必要があります。事例の解説は、災害が起きるまでの経過に終始しがちです。どのような経過をたどって災害が起きたのかを理解することはもちろん大切ですが、災害の教訓をより深く心に刻むためには、災害発生後の事情聴取の状況、被災者やその家族への対応、報道対応、災害審議会の状況など、事後処理の大変さについて知ることが必要です。管理者側に過失がある場合は、管理者や会社に対する刑事責任が問われることになり、会社の信頼を失うことも珍しくありません。また、作業者側に過失がある場合は、発注者に対する補償・賠償が発生したり、発注者から発注規制（いわゆる退場処分）を受けて仕事を失うこともあります。そして何より、被災者やその家族が受けた身体的・精神的ダメージは、その後の人生を左右するほどに大きいはずです。人間はついつい近道行為をしてしまうものです。事故事例を知っているだけでは、「自分は大丈夫」と安易に考え、近道行為に対するブレーキが外れてしまいがちですが、事後処理の大変さ、厳しさ、被災者の痛みを知ることで、ブレーキ力が増すことが期待できます。
このような体験型研修は、防災訓練や避難訓練でも応用することができます。

事例　釜石の奇跡

二〇一一年の東北地方太平洋沖地震（東日本大震災）における死者・行方不明者のほとんどは津波によるものでした。ある研究者の調査によると、寝たきりなどの理由でどうしても逃げることができなかった人は数百人であり、これ以外の約一万八千人は適切に逃げていたら助かった可能性が高いそうです。

たとえば、石巻市にある長浜幼稚園は海岸際にあり、津波で壊滅的な被害を受けましたが、地震が起きたとき園に残っていた約二〇人の園児と七人の職員は、全員がすぐに避難場所の渡波中学校まで走って逃げて無事でした。この園では、大きな地震の後には津波が来ることを園児たちに教え、枕元に脱いだ衣服を置いてお昼寝し、その最中に地震が来て逃げるという訓練も繰り返し行っていました。この園の教諭Hさんの手記では、逃げる途中に、仕事を続けている会社員、海のほうを眺めている老人、国道の大渋滞に巻き込まれて車のなかでじっとしている人など、逃げない人たちを多勢見たということです。

この地方ではこれまでに何度も大津波を経験しているので、大きな地震の後には津波が来ることはよく知られていました。その知識があるにもかかわらず、現実の場面で「逃げる」という行動ができなかったのはなぜでしょうか?

一方で、「逃げる」ことに成功し『釜石の奇跡』と賞賛される好事例があります。釜石市の小中学生約三千人のほぼ全員が「逃げる」ことで助かったのです(病欠などで学校にいなかった五名が犠牲になりました)。たとえば釜石市の鵜住居地区では五八三人の死者・行方不明者が出ましたが、この地区にある鵜住居小学校と釜石東中学校の児童・生徒は無事に逃げました。釜石東中の生徒たちは、地震の直後から自主的に避難を開始し、「津波が来るぞ」と叫びながら避難場所に指定されている「ございしょの里」へ向かいました。これを見た鵜住居小の児童たちも後に続きました。避難場所の裏手の崖が崩れそうになっていたため、男子生徒がさらに高台へ逃げることを提案しました。小学生の手を引き、幼児が乗るベビーカーを押して走りました。「ございしょの里」は、まもなく波に飲まれてしまいました。また、釜石小学校は学期末の短縮授業だったため、地震のときはほとんどの児童が学校外にいましたが、自宅に一人だけで、あるいは兄弟だけでいたケースも含め、全員が無事に逃げました。

二〇〇四年から釜石市の防災教育に携わってきた群馬大学大学院の片田敏孝教授は、どのような教え方をすることで、児童や生徒たちに「逃げる」という行動を実践させたのでしょうか?

片田先生が同市の防災教育を始めたころの活動は、地元での一般的な防災講演会でしたが、聴講者が毎回同じでは効果がでないと思い、子供たちへの防災教育に切り替えました。子供たちは十年たてば大人になり、さらに十年たてば親になります。高い防災意識が世代間で継承されることで、地域に防災文化として根づくに違いないと考えたのです。その頃、子供たちに行ったアンケートでは、「家に一人でいるときに大きな地震が発生したらどうする？」という質問に対し「お母さんに電話する」「親が帰ってくるのを待つ」という回答がほとんどでした。このような子供たちに片田先生はさらに問いかけました。「君が家で逃げずに待っていたら、お母さんは地震後の危険ななかを何があっても君を迎えにくるぞ」。子供たちはお母さんに起こることを想像し、どうしたらよいのかを考え、やがて涙を浮かべながら「僕、逃げる」と言ったそうです。

まさしくこの瞬間が、「知る」から「わかる」への転換のポイントなのです。

もちろん、授業では、過去の地震で犠牲になった人たちに関する具体的な資料や、早く逃げれば死者が減ることを示した動画を見せるなど、よりリアリティを高める工夫をし、さらに逃げるときの注意点も「避難の三原則」として教えていました。ちなみに、この三原則は、大いなる自然の営みに畏敬の念を持ち、行政に委ねることなく、自らの命を守ることに主体的たれという信念に基づくもので、「想定にとらわれるな」「最善をつくせ」「率先避難者たれ」というものですが、釜石東中学校の生徒たちは、この三原則のとおり行動しました。

このようにみると「釜石の軌跡」は〝奇跡〟ではなく、実は避難教育を永年根気よく続けた市役所の防災担当者と指導にあたった片田先生、そして何よりも避難することの重要性に気づいて行動に移すことができた児童や教員たちの実行力の成果だったことがわかります。

❸ 安全レベル・安全活動の見える化

安全活動に取り組んでいて安全リーダーがいだく疑問は、自分の職場の安全レベルまたは安全活動のレベルは高いのだろうか、それとも低いのだろうか、また安全文化の質はどうなのだろうか、というものではないでしょうか？ 安全活動に取り組んでいても、目に見えて変化が現れるわけではありません。もともと事故や災害の発生件数が少ないか、下げ止まりの状態において、顕著な改善を達成することは容易ではなく、ときには事故や災害が起きてしまうこともあります。

何かに取り組んでいて、その成果が見えなければ、やりがいも達成感も感じることはできません。職場の安全レベルや安全活動のレベルを「見える化」するためにはどうしたらよいのでしょうか？

ここでは、「見える化」の例として、安全診断システムを二つ紹介するとともに、現場での工夫例を示します。

◆電力中央研究所の安全診断システム

電力中央研究所のヒューマンファクター研究センターでは二〇〇一年から、原子力や火力発電所をはじめ、化学、食品、繊維、鉄鋼、工事請負など、さまざまな産業の事業所二五〇か所以上を対象に、「個人の意識・行動」「職場の安全管理」「職場の組織風土」の三つの項目に関するアンケート調査（設問数約一二〇）を行い、そのデータを統計的に処理したデータベースをもとに、事業所の安全レベルを診断するシステムを開発し、すでに多くの産業で活用されています。

この診断を受ける際も、前記と同様のアンケート調査を事業所の全従業員を対象に行い、その結果は、前述の三つの項目を六つずつ計一八のプロフィールに分けたレーダーチャート上に示されま

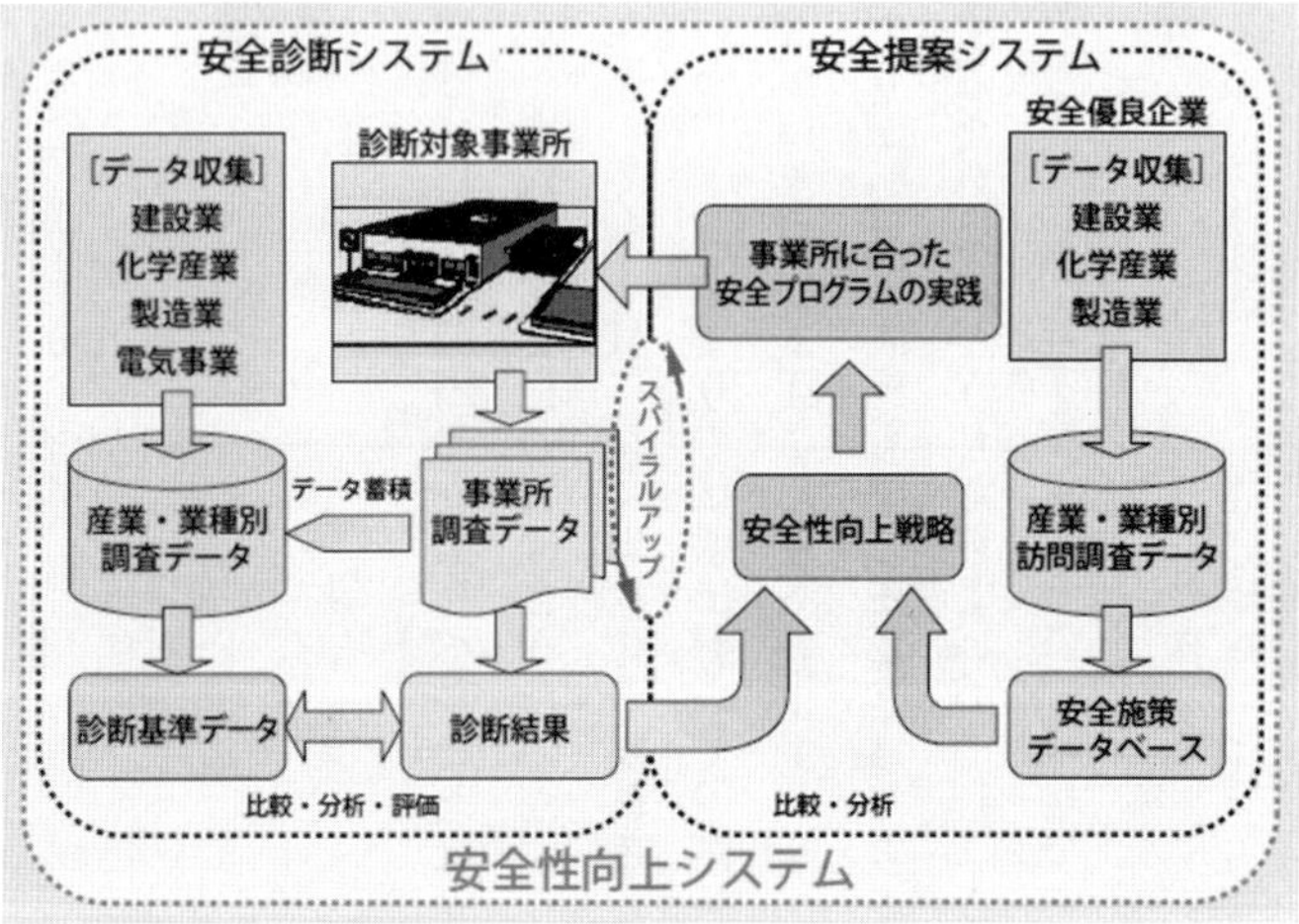

図 2-4　電力中央研究所の安全診断システム（同研究所 HP より）

す。たとえば「個人の意識・行動」の場合、「仕事に対する誇り・やりがい」「作業安全規則の遵守」「工程よりも安全を重視する態度」といったプロフィールごとに優劣が示されますが、この際、事業所平均、部署別、職位別、年齢別などのカテゴリー別に示されるので、どのプロフィールについてどの職位が優れているのか（劣っているのか）が「見える化」されます。

また、ヨコ軸に総合的安全指標（安全レベル）の高・低（右へいくほど高い）を取り、タテ軸に組織の雰囲気（上へいくほど上位下達的、下へいくほど協調的。ただし、どちらが優れているかを示すものではない）を取った座標軸にマッピングすることで、事業所の安全レベルや雰囲気を他産業と比較することもできます。

電力中央研究所では、この診断結果に基づき、各職位別に若干名を対象としてインタビュー調査を行い、具体的な問題点（弱点）の状況や事実を明らかにし、これを改善、強化しつつ、事業所の安全レベルを向上していくための施策を提案します。

※「安全診断システム」の概要については同研究所のＨＰからダウンロード可

◆労働科学研究所の安全診断システム（ＳＣＡＴ）と安全文化向上プログラム

労働科学研究所では、ＳＣＡＴ（Safety Culture Assessment Tool）という安全文化評価ツールを開発しています。このツールは、組織のメンバーを管理者、責任者、作業者の三階層に分け、それぞれから見て、管理者、責任者、作業者の各階層が安全評価項目に対してどのように取り組んでいるかをアンケート形式の調査票で回答することにより、三階層間の相互評価による得点（評価値得点）と三階層間のギャップ値（ギャップ値得点）が測定されるという特徴を持っています。

評価値得点をヨコ軸、ギャップ値得点をタテ軸（ギャップ値が小さいほど高得点）として座標を取ると、象限ごとに四つのタイプに分類することができます。第一象限にあてはまる組織は「GE型」。安全評価項目の得点が高く、階層間のギャップも小さい理想のタイプです。しかし、自己満足に陥っている可能性があるため注意が必要です。第二象限の組織は「Ge型」。安全評価項目の得点は低いが階層間のギャップが小さいタイプです。第三象限の組織は「ge型」。安全評価項

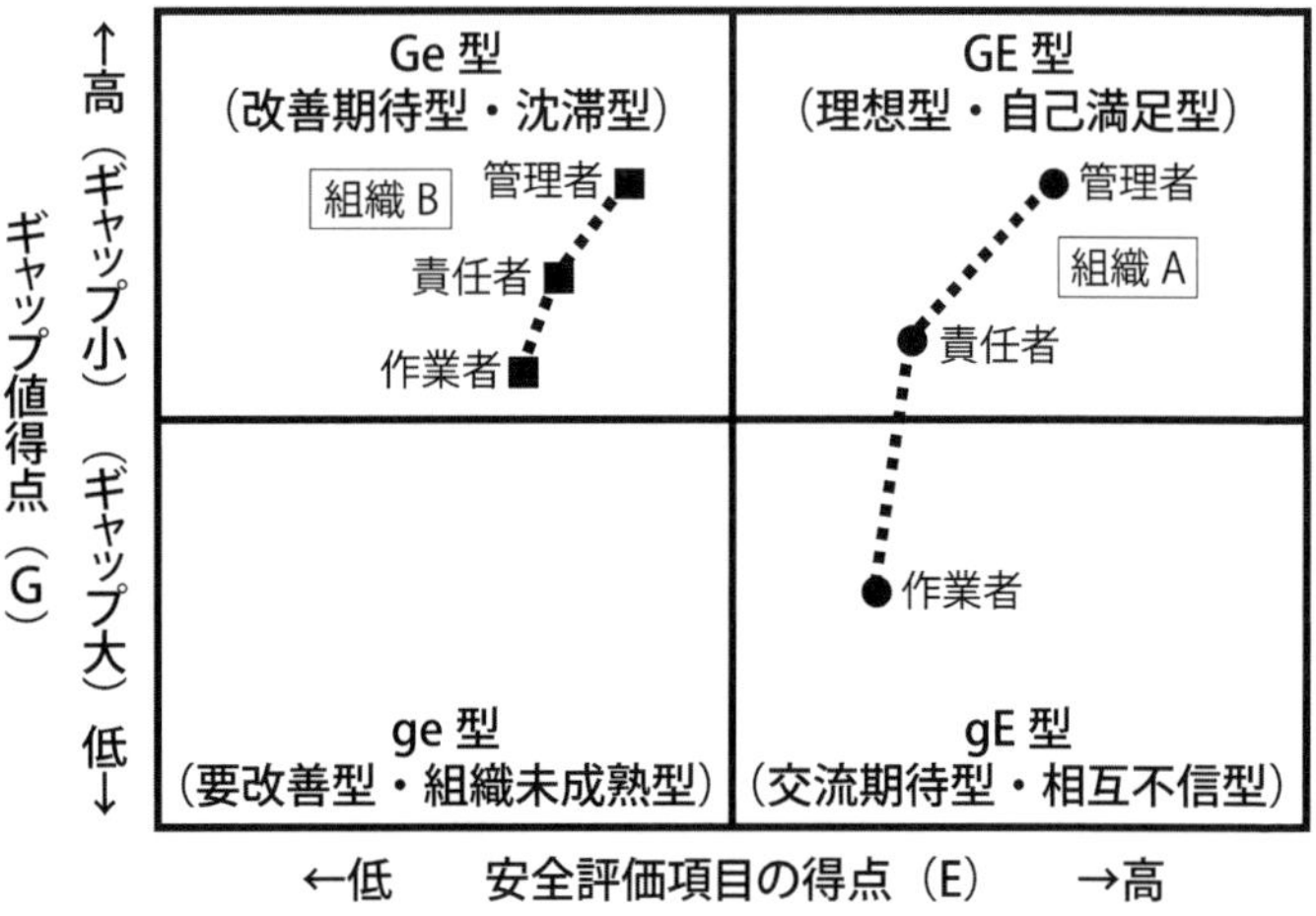

図 2-5　SCAT による評価の例

目の得点が低く階層間のギャップが大きいタイプであり、改善を要する組織ということになります。第四象限の組織は「gE型」。安全評価項目の得点は高いが、階層間のギャップが大きいタイプです。階層間に相互不信があり、階層間の交流を必要としている組織です。

しかし、質問紙形式のアンケート調査だけでは正確な安全文化の測定はできません。たとえば、安全評価項目の得点が高く、階層間のギャップが小さい第一象限の組織の場合、「理想型」なのか「自己満足型」なのか判断できないのです。そこで、労働科学研究所ではヒアリング調査をあわせて実施します。階層ごとにそれぞれ一時間程度かけてじっくりと聞き取りを行うのです。このようにして、アンケート調査結果を深掘りし、より正確な診断を行います。

一方、正確な診断結果が出されても、多くの場合、組織は何をすればよいか具体的にイメージできません。そこで、労働科学研究所では「安全文化向上プログラム」の実施を提案します。このプログラムは、SCATによる調査結果から見いだされたさまざまな問題点のうち、どの問題点に、どのように取り組むかを組織が主体的に決め、実行していくのですが、労働科学研究所が適時・適切なサポートを行います。

適時・適切なサポートとは、労働科学研究所が先生になって指導するという意味ではありません。労働科学研究所が専門的な知識に基づき「どのように取り組めば効果的か」を先回りして指導することもできますが、それをしてしまうと組織の主体性がなくなり、対策についてもやらされ感が生じてしまいます。このため、労働科学研究所では、取り組みの方向が大きく違ってしまうとか、助言を求められるまで口出しをしません。組織は、主体性を持つとともに、労働科学研究所に見られているという緊張感を持って取り組むことができるようになります。

ここで、労働科学研究所が掲げているルールが二つあります。

一つは、対策は管理者、責任者、作業者のみんなで決めるということです。管理者が決めて責任者以下に押しつけたり、作業者に任せっきりにしたりすると、どんなに素晴らしい対策を考えても長続きしません。必ず全階層が一致して決めなければなりません。

二つ目は、取り組む課題は一つとすることです。SCATによってたくさんの課題が抽出されたからといって、同時並行にすべてを解決していくことは不可能です。そこで、課題と目標を一つに絞り込み、確実にその課題を達成することが大切です。一つの課題を達成することで、ほかの問題にも影響を与え、良い効果が出てきた例が数多く確認されています。同様に、対策として新しい制度を一つつくれば、一つの制度（過去から実施していて効果がないもの）を止めます。新しい制度（ルール）は現場の負担を増加することになり、やらされ感が出てくるなど逆効果をもたらすことがあるので、新たな制度を導入した場合は古い制度を一つ廃止することが基本です。

一定期間の取り組みの後、再びSCATで評価することにより、組織の安全文化の変化を確認します。ここで安全文化の向上を確認することができれば、大きな弾みとなります。一方、変化が見られない場合は、対策やその取り組み方の見直しを行います。

※「SCAT」についての問い合わせ先
公益財団法人 労働科学研究所
http://www.isl.or.jp/ 044-977-4387

◆安全活動を自分たちで「見える化」する工夫

職場の安全レベルや特徴・スタイルは、安全診断システムを活用することで把握することができます。診断で見いだされた弱点を補い、強みをさらに伸ばす方法も考案しやすくなるでしょう。また、複数年にわたって診断を受けることで、安全レベルの推移を把握し、安全レベルに対する評価の確度を高めることもできそうです。

しかし、安全リーダーの悩みはこれで解消できるわけではありません。職場の安全レベルは一朝一夕に変わるものではないので、安全診断も一年程度のインターバルを開ける必要があり、この間は、ひたすら安全活動に取り組んでいくことになります。もちろん、すべての組織・職場が安全診断を受けることはできないので、これに代わってどこの現場でも使える手法があると便利です。

そこで、つぎに欲しくなるのが、安全活動のレベル、すなわち安全活動が職場に受け入れられ、活発に取り組まれているかどうか、あるいは安全活動が現場の安全に生かされているかどうかを

「見える化」する手法です。

ヒヤリハットやリスクアセスメントは、その報告件数や抽出されたリスクの件数がそのまま活動レベルを表していますが、これだけでは安全への貢献度まで把握することはできないので、ヒヤリハットやリスクアセスメントに基づく改善の件数も「見える化」するとよいでしょう。また、単なる件数だけではなく、たとえばリスクアセスメントの場合は、抽出されたリスクを定量化できる（例：一年に一回、重傷災害が発生する）のであれば、そのリスクを軽減することによって、「重傷災害を一件防止した」という表現で成果を実感できる「見える化」が可能になります。

この他、活動への参加率を用いて「見える化」する方法や、ヒヤリハット報告を掲示して、同種のヒヤリハットを経験した人、そのヒヤリハットが参考になると考える人が「賛同」の一票を投じ（掲示されているヒヤリハットの下にシールを貼るなど）、票の獲得数に応じて賞を出すというような仕組みを導入することで、一人ひとりの取り組みから職場ぐるみの取り組みへと活動を盛り上げていくことができます。

また、ANAグループでは、お客様からいただいた「お褒めの言葉」を広く共有することや、互いの仕事や行動を認めあうことで、社員のモチベーションと自主性を引き出すことにつながり、社員一人ひとりが仕事を通してより一層「ANAらしさ」を発揮できると考えており、サービスフロントでは「Good Job Card」の取り組みを推進しています。これは、互いの仕事の良いところを見つけたら、それをカードに記入して本人に手渡すというもので、想いを形にして褒めることにより、仲間を尊重しあい、互いの仕事に自信と誇りを持つ風土づくりにつなげているのです。

同様の取り組みは、JALの「Thanks card」（サンクスカード）、東京ディズニーリゾートの「ファイブスタープログラム」（上司がキャストを褒める）、「スピリット・オブ・東京ディズニーリゾート」（キャスト同士で褒める）など、さまざまな産業で導入されていますが、これらも普段の仕事のなかで埋没してしまいがちな「良い行動」を「見える化」するとともに、全員参加の風土を醸成していくことにつながります。

●読者への問いかけ●

みなさんの職場では、安全活動を「見える化」する工夫、活動を盛り上げる工夫をしていますか？

レポート　発注者-受注者-下請負者の安全意識の共有

火力発電所の定期点検やメンテナンスにかかわる組織は、一般的に、発注者-受注者-下請負者という構成になっています。

発注者：電力会社（工事の設計、発注）
受注者：電力会社の関係会社（工事の受注、工事の責任者や監督）
下請負者：工事会社（作業者）

発電所の規模にもよりますが、一ユニット（一つの号機）の定期点検には数百名の作業者が従事し、日常的なメンテナンスにも大勢の作業者が従事しています。このため、発注者‐受注者‐下請負者の安全意識や安全文化に乖離があると、発電所の安全操業はできません。たとえば、発注者である電力会社の安全意識がいくら高くても、実際に現場で作業を行う下請負者（作業者）の安全意識が低かったり、あるいは発注者への不信感があるようでは、作業を安全に進めることはできないのです。

火力原子力発電技術協会では、労働科学研究所と共同で「ＳＣＡＴ」に手を加え、発電所内の組織間における安全文化を診断する評価手法を研究、開発しました。

具体的には、「ＳＣＡＴ」をベースとして質問項目を発電所向けに修正し、さらにその項目の一部を組織間への質問として転用しました。「ＳＣＡＴ」では一つの組織を、管理者‐責任者‐作業者の三階層に分けて評価しますが、これを発注者‐受注者‐下請負者の三階層として組織間のギャップ値を測定する方法としました。ヒアリング調査を行い、安全文化向上プログラムを策定して実施していくプロセスは「ＳＣＡＴ」と同じです。

同協会では、全国一三の発電所（自家発を含む）の協力を得て、この手法を適用したところ、その評価結果にはある一定の傾向が見られました。この点に着目し、ヒアリング調査で掘り下げることにより、いくつかの共通する問題点が浮かび上がりました。

電力会社をはじめとして発電所を有する企業は大企業が多いためか、トップダウンによる情報伝達については非常に高い点数なのですが、ボトムアップによる情報伝達については低い点数でした。これは、双方向のコミュニケーションがうまく機能しておらず、その結果、発電所で運用されているさまざまな制度（たとえば改善提案制度など）が期待どおりに機能しないリスクがあることを示唆しています。

改善提案制度の場合、その仕組みがあっても運用が不十分だったり、現実に即したものでないなど、十分に機能していないケースが多く見られましたが、その要因として、提案書を出しても採否理由が不明、提案者に結果がフィードバックされないなどの問題が挙げられました。このような状況は、せっかくの制度が、受注者や下請負者の発注者に対する不信感を強めることに「一役買っている」可能性を示唆しています。

また、各種手順書の遵守について、手順書は守るべきルールなのか、単なる目安なのか、あるいは現場で手順書どおりにはできないときどうするのかなど、手順書の位置づけや修正を必要とするときの手続きが明確になっていないことによるギャップが確認されました。この背景には、作業標準書（施工要領書）について、発注者、受注者ともに「目的を達成するためにはある程度の逸脱はかまわない」と、少々の逸脱を認めている現状があります。これは、作業時間（工期）や工事費用、人員数など、さまざまな制約下で作業している下請負者（工事会社）に「ある程度の判断」を任せてしまうリスクがあります。

これらの結果を踏まえ、同協会では、二つの発電所について安全文化向上プログラムを実施しました。一つの発電所では、「改善への姿勢」を対策テーマとし、改善提案制度の構築とともに改善提案をしやすい環境への改善を目指しました。この発電所では、ワーキンググループ（WG）を三つの班に分けました。WGには発注者、受注者、下請負者のすべての組織が入りますが、それぞれの組織の管理者同士で一班、責任者同士で一班、作業者同士で一班としたのです。各班で議論し、それを発表してまとめるという形式で取り組みましたが、班の構成メンバーはそれぞれの組織内では似たような立場なので、活発な議論が交わされ、労働科学研究所のサポートもあって、順調に対策案が練り上げられました。

もう一つの発電所では、定期点検における発注時期の適正化および情報共有化に取り組みました。この発電所では、WGを事業所を束ねるWGと分科会に分け、全体の方向性については事業所を束ねるWGで決定し、具体的な検討については分科会で行う分業方式を採用しました。

定期点検前の打ち合わせや情報提供に関する時期を明確にすることにより、発注を早期かつ確実に行い、また工事に関する打ち合わせについても、各組織の責任者層が出席する仕組みとしたことで、連絡調整が従来よりも迅速かつ確実にできるようになりました。

どちらの発電所でも、その後のＳＣＡＴ調査で安全文化の向上が確認されました。

この二つの発電所の問題点の根底には、双方向のコミュニケーションの不足が深くかかわっており、安全文化については、双方向のコミュニケーションの円滑化が重要であることを示唆しています。

労働科学研究所のＳＣＡＴを中心とした診断システムも、火力原子力発電技術協会が共同で作成した組織間の診断システムも、全階層が参加して双方向のコミュニケーションを図ることにより、安全文化を向上、継続させるものであると言えます。

脇坂悦史（元　火力原子力発電技術協会　技術部次長）

※本件に関する問い合わせ先
一般社団法人　火力原子力発電技術協会　技術部
http://www.tenpes.or.jp/　03–3769–3095

コーヒーブレーク　医療現場における最近の話題から

●医療従事者を対象とした詐欺事件

医療従事者の自宅に一本の電話が入りました。

「お宅の娘さんが薬剤の過剰投与の医療事故を起こしました。患者さんの家族と病院側が話しあった結果、示談が成立しましたので、示談金〇〇〇〇万円をこれからお伝えする口座に大至急振り込んでください」

院長役、患者家族役、弁護士役が電話口で代わるがわる緊迫した状況を語る手口です。

幸いにも未遂で終わっている事例が大多数のようですが、現場では医療事故をなくそうと絶え間なく努力をしているにもかかわらず、このような事件に利用されることはとても残念なことです。

●患者の個人情報の持ち出しがなくなる？

大学病院などでは、医療の進歩のため医師は日夜、研究も行っています。病院の激務のなかでは研究データをまとめることができず、医師が自宅にデータを持ち帰って解析するケースがよくありますが、近年、個人情報の流出トラブルが繰り返されていて、患者さんの個人情報の漏洩が懸念されます。

一方、電子カルテを採用する病院が増えてきましたが、このような病院では、入力された各種情報を二次活用できる「データ分析用データベース」（DWH）が導入され、これに情報をコピーし、加工して活用できるようになってきました。これは電子カルテに入力された情報のうち、必要な情報のみを抽出、加工して、二次利用ができる機能です。個人情報はマスキングして抽出することができます。また、医師が自分のパソコンへ大量の情報を打ち込まなくても、いとも簡単にデータを解析することができます。

このような機能が医療業界で一般化すると、医師が電車内にパソコンを置き忘れて「○○○人分の患者個人情報流出」というトラブルを防止できるばかりか、多くの患者の医療情報を活用した研究の効率化が進むものと期待されます。

●複数の病院へ通院している方はご注意を

一人の患者さんが複数の病院へ通っていることはよくありますが、患者さんが飲んでいる薬を調べると、同じような薬が別の病院で処方されていることがあり、患者さんも医師から言われたとおり、全部飲んでいたりします。

先日、ある患者さんが別々の病院から、「ロキソート」と「ロキソプロフェン」を処方されていることがわかりました。この薬はどちらも鎮痛薬であり、二つとも同じ成分のジェネリック医薬品です。患者さんはその時々、違う薬局へ処方箋を持っていくため、同じ成分の薬が処方されていることは薬局でも把握できなかったようであり、患者さん自身も違う名前だから違う薬なんだと思っていたようです。同様に、二つの病院から高脂血症薬の「クレストール」と「リピトール」が処方されている例もありました。この二つの薬もスタチン系といって似た作用を持つ薬です。はたして二つの病院では、一人の患者さんに同じ作用の薬が二つ処方されていることに気がついているのでしょうか？

最近はジェネリック医薬品が普及してきているため、似た名前の薬や、名前はまったく異なるのに同じ作用の薬が流通しており、患者さんは薬のことがわかりづらくなっているものと思われます。

患者さん自身が医師任せにするのではなく、自分が飲んでいる薬がどんな薬なのかをよく把握することが大事だということを、医療従事者がもっと広めていく必要があると実感する事例です。

深澤由美（医療）

第3章

現場実務者の安全マネジメントとその具体的戦術

① ヒューマンエラーを減らす対策
② ヒューマンエラーを事故にしない対策
③ 戦略的エラー対策
④ これまでの安全管理にひと工夫

新米安全リーダーの鈴木さんは同僚たちの〝気づき〟を引き出すことで、協力者を少しずつ増やしていきます。さあ活動開始だ。

でも、安全マネジメントは具体的にどうしたらよいのだろう?

＊

仲間をその気にさせるためには、「気づいてもらうこと」が大切で、そのためにはさまざまな仕掛けを工夫する必要があることがわかりました。

気づいてもらうことで仲間を増やしていくことができます。一人で孤軍奮闘しても何も変わらないかもしれませんが、仲間が一人でも加わることで、1＋1＝2以上の力が発揮できるようになります。

先ほどの鈴木さんはいくつかの工夫を取り入れることで、同僚に「気づいてもらうこと」に成功しました。「面白そうだね」「一緒にやろう」と言ってくれる仲間も一人、また一人と増えていきます。「一人では何もできない」と意気消沈していたことがウソのように、「なんとかなりそうだ」と前向きに考えることができるようになってきました。

そろそろ安全リーダーとして職場の安全活動に新風を吹き込む段階です。でも、具体的に何から始めたらよいのか、まだはっきりとはしません。いままでの活動をすべて止めて、新しい活動に置き換えることにも問題がありそうです。

従来の安全管理は、安全マネジメントへとステージを高めていくことが大切だということはすでに述べました。この章では、従来の安全管理のなかで使われてきた手法やツールも振り返りながら、それらを現場の実務者が安全マネジメントに役立てていく方法を考えていくことにします。

安全マネジメントにどのような仕掛けを取り入れるのか、その決定権は経営者にありますが、仕掛けが現場の実態に合致していなければ効果は上がりません。現場のことをよく知っている実務者が、積極的に意見具申や提案をすることが大切です。また、仕掛けを工夫する上で参考になるのが実は「ヒューマンファクターズ」なのです。人間の特性や行動の理屈を理解し、それに合致した仕掛けを工夫すると効果的です。

◆エラーを減らす対策とエラーを事故にしない対策の両面アプローチ―二方向と二段階の取り組み―

前著『命を支える現場力』で紹介した「M-SHELモデル」は、ヒューマンファクターズにおいて人間がなぜ間違えるのかを理解するうえでとても便利なモデルです。このモデルの中心に置かれているＬ（人間）は、発揮できる能力が一定ではなく、自らの体調や精神状態などによって、また周りを取り囲むＳ（ソフトウエア）、Ｈ（ハードウエア）、Ｅ（環境）、Ｌ（同僚など）からの影響を受けて変化します。もちろん、周りの要素も一定ではありません。たとえば手順書は随時改訂され、機械は劣化、故障し、環境はつねに変化しています。

このお互いが揺れ動く状況のなかで、中心の人間とその周りの要素との間に不整合が生じると、ヒューマンエラーが引き起こされるのです。

このモデルからつぎのことがわかります。

まず「ヒューマンエラーを減らす」対策として、中心の人間に着目し、人間自身に多少のゆらぎ（体調不良や感情の起伏など）があっても、また周りの要素にゆらぎ（機械の故障や天候の変化

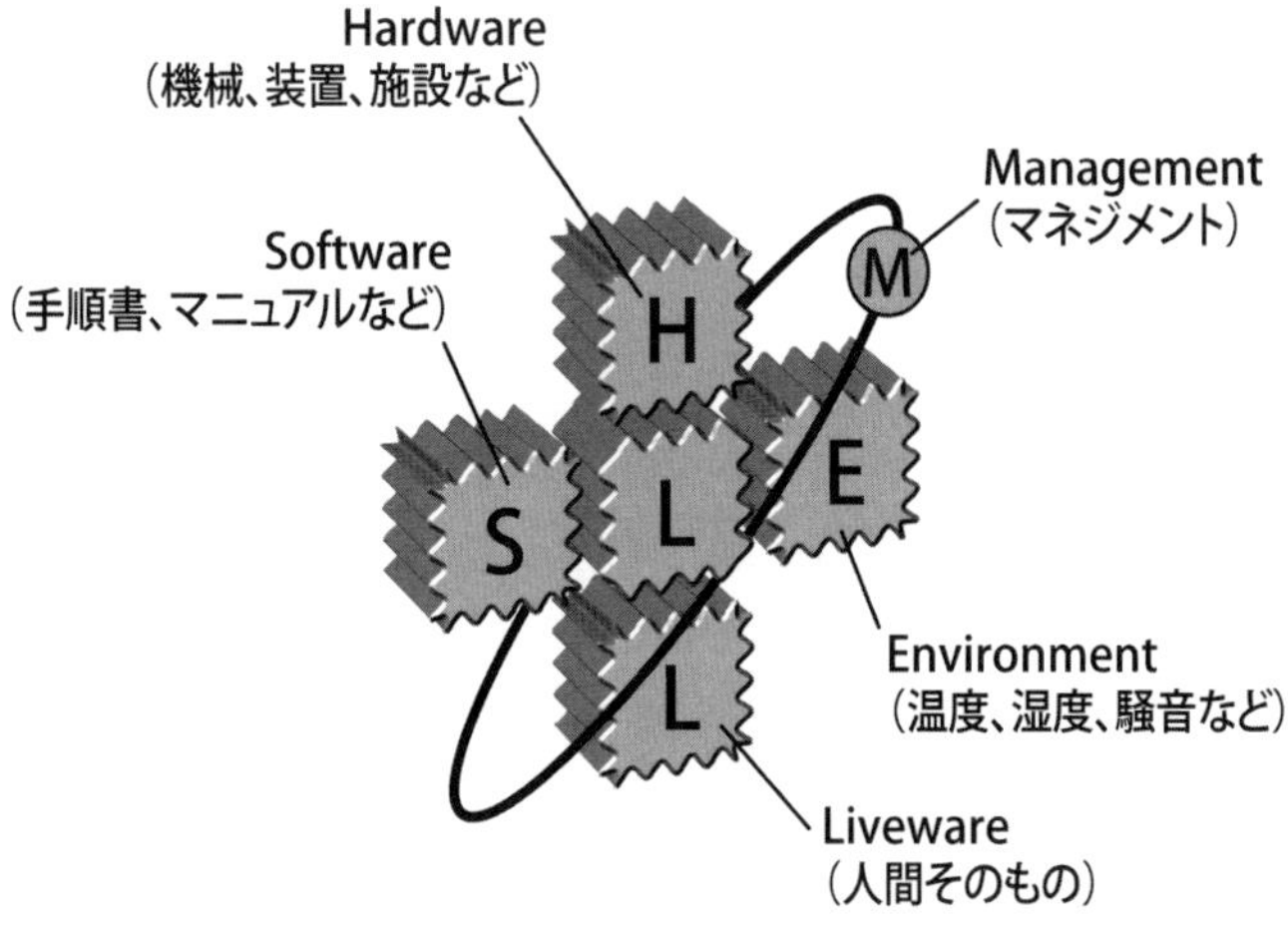

図 3-1　M-SHEL モデル

など）があっても、それを吸収できるように人間の能力を高めることです。つぎに周りの要素に着目し、不確かな存在である人間のゆらぎを周りの要素が吸収できるように改善することです。この双方向の取り組みが必要です。

たとえば、ＬとＨ（人間とハードウエア（機械や道具））の関係で問題があれば、人間が機械や道具をうまく使えるように訓練する方法と、機械の側を使いやすく改良するという二つの対策が考えられます。ほかのＳ、Ｅ、Ｌ要素についても同様です。

しかし、このような取り組みをしても、ヒューマンエラーをゼロにすることはできません。そこで、つぎの対策として、「ヒューマンエラーを事故にしない」ために、エラーが起きることを前提として、エラーがあってもそれがただちに事故に結びつかない対策を準備しておく必要があります。

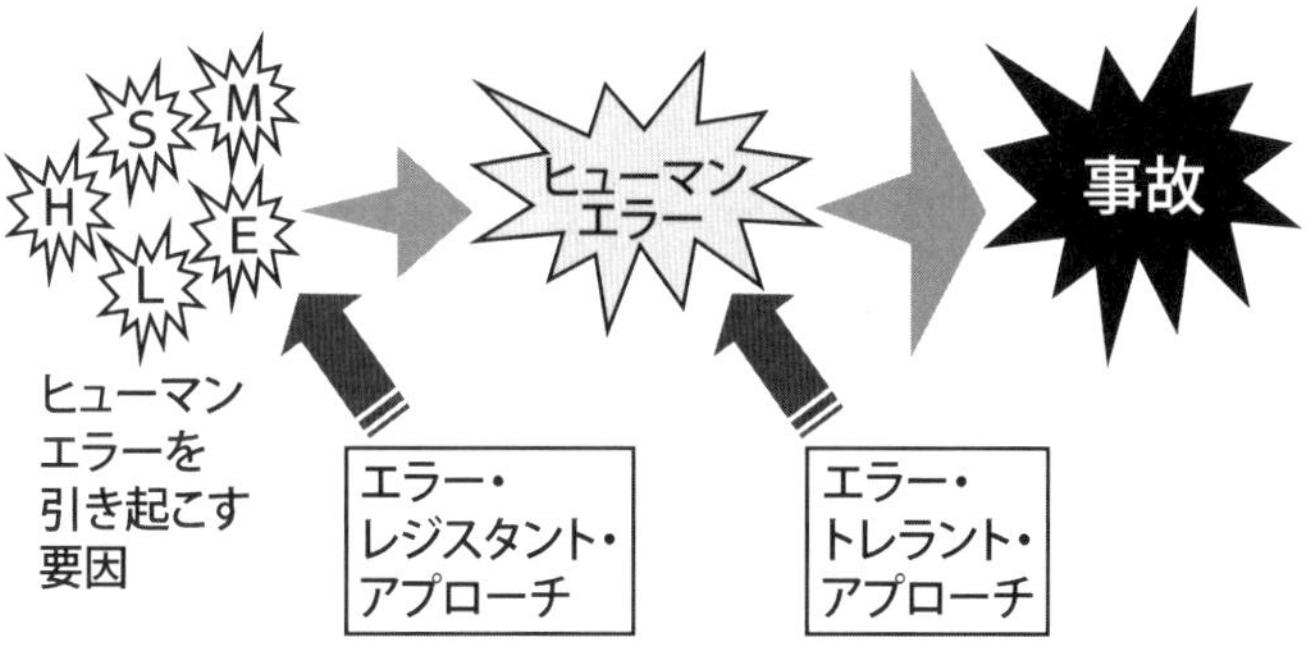

図 3-2　エラーを減らす対策とエラーを事故にしない対策

❶ ヒューマンエラーを減らす対策

❶-1　個人の対策（L）

◆基本動作としての指差呼称

「指差呼称」の原型は、明治時代に鉄道の機関士が始めた、信号の表示を声に出して確認する「信号喚呼」だとされています。昭和初期には、東京近郊の鉄道の運転士が自発的に指差しを併用するようになり、現在の形ができ上がってきました。いまでは、鉄道の運転士や車掌をはじめ、発電所、化学プラントなど、多くの現場で指差呼称が実践されています。

「指差し」の目的は、「確認すべき対象物に注目する」ことです。当たり前のようですが、これは情報入手の約九割を担う視機能の特性に関係があります。私たちの視力はある一点を注目したときに得られる値を数値で表しています。言い換えると、通常持っている視力は、対象物を注視して初めて発揮される（見える）のです。また、「呼称」によって自分が発した声を自分の耳で聞くことで間違いに気がつくことができます。

指差呼称の効果について、立教大学の芳賀繁先生はつぎの四つをあげています。

①注意の方向づけ
（操作対象に注意が集中する）

②多重確認の効果
（目と耳と口と筋肉で確認する）

③脳の覚醒
（口や腕の動きで脳が覚醒する）

④あせりの防止
（あせり、習慣的動作を防止する）

芳賀繁先生が一九九六年に発表した報告書によると、指差呼称をまったくしないときに対し、指差呼称を行うことによって、エラー率が六分の一まで減少することが確認されたそうです。

図 3-3　指差確認呼称の様子
（提供：中部電力）

指差呼称の効果は簡単な方法で実感することができるので、安全教育の場で試してみてください。用意するのはスライド一枚だけです。このスライドに赤色で塗りつぶされた円と緑色で塗りつぶされた円をランダムに散りばめます。円のサイズは大きいものと小さいものの二種類です。これを投影して数を数えてみましょう。たとえば、緑色の円はいくつか？　大きい円はいくつか？　を数えます。これを、目視だけで数える場合、指差呼称をしながら数える場合で比較してみましょう。指差呼称をしたほうが正確に数えることができることを実感できるはずです。

ところで、指差呼称を義務づけているにもかかわらず、なかなか定着しないという悩みを抱えた現場も少なくないでしょう。電車の運転士や車掌のように、お客様から見られている現場では実践できても、監視の目が届かない現場ではついついおろそかになるものです。そのような現場こそ、安全リーダーが率先して指差呼称に取り組むことで、雰囲気づくりをしてほしいと思います。仕事の始めに、メンバー全員で大きな声、大きな動作で指差呼称のデモンストレーションをするのもよいでしょう。また、いつも模範的な指差呼称を行っている人はもちろん

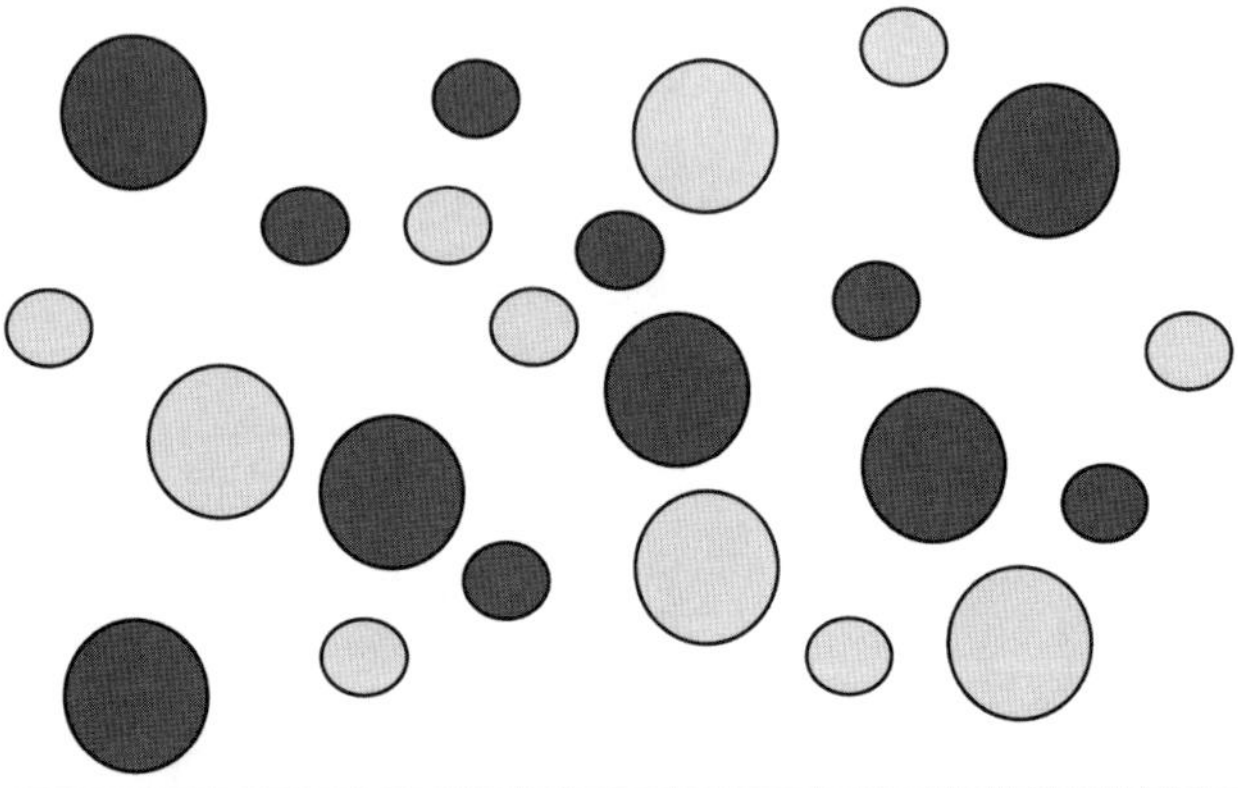

実験1：赤い円の数を数える（指差呼称なし／指差呼称あり）
実験2：大きい円の数を数える（指差呼称なし／指差呼称あり）

図 3-4　指差呼称の効果の確認

のこと、それまで声が出ていなかったのに声が出せるようになってきた人がいたら、ぜひほめてあげてください。

◆知識とその身につけ方

プロとしての実務者には、さまざまな知識が必要です。法律や条例、社内の規定や規則、取り扱う機材の性能、過去の不具合事例など、数え上げればきりがありません。これらの知識は、自己啓発、ＯＪＴ、社内研修（Off-JT）などを通じて習得しますが、テキストを丸暗記すればよいというものではありません。さまざまな知識を組み合わせて実務に応用することができなければ役に立ちません。新人によく見られるのは、理解度テストの成績は申し分ないのに、実務でテストの出題と少しでも違う状況に出くわすと、何も対応できないというケースです。

知識教育において必要なことは、手順（Know-how）だけではなく、「なぜ」「どうして」というKnow-whyを理解させ、応用力を高めることです。トラブル時のように、状況に応じて臨機応変に対応をしなければならないことがよくあります。このような応用力の基礎となるのがKnow-whyの知識です。

組織における人材育成は、自己啓発、ＯＪＴ、Off-JT（集合研修など）に分類されますが、Off-JTはＯＪＴを補完するものなので、人材育成の基本は自己啓発とＯＪＴということになります。

しかし、組織のスリム化、効率化が求められるなかで、人員が減り、チームのリーダーもプレイヤーとしてある程度の仕事を分担するようになると、リーダーとメンバーの双方が仕事に忙殺されて、計画的なOJTができなくなります。以前は、「技術は先輩から盗むもの」だったので、先輩について現場へ行かせること自体が立派なOJTになりましたが、昨今では事情が変わってきているようです。

ある組織で、複数のリーダーと新人メンバーそれぞれに、「OJTを行っているか」「OJTを受けているか」を聞き取り調査したところ、リーダー側は「行っている」と答えたのに対し、新人メンバー側の多くが「受けていない」と答える結果が出ました。どうやら、リーダー側は、新人がまだ経験していない仕事があると、「先輩について行け」と送り出すことでOJTをしようと考えたのですが、新人側はそれがOJTだと理解できなかったようです。

学校教育で「与えられる教育」に慣れてしまうと、社会人になってからも必要な知識は「すべて教えてもらえる」と勘違いし、Off-JTが組織内教育の基本であると錯覚してしまうのです。このような事情から、Off-JTのカリキュラムやテキストが充実している大組織のなかには、OJTや自己啓発に頼ることをあきらめ、Off-JTに軸足を移すケースも出てきました。しかし、一方的な詰め込み教育では、知識を覚えさせることはできても、応用力まで身につけることはできません。

肝心なことは「その気にさせる」「興味を持たせる」ことです。誰しも興味を持ったことは、もっと知りたいと願うものです。

では、どのようにして興味を持たせるのでしょうか？

いろいろな動機づけの方法がありますが、「現物（本物）を見せる」「体験させる」「失敗させる」ことで、その気にさせることに成功している例があります。以前のOff-JTは、テキストを用いた教室スタイルの研修が一般的でしたが、いまでは実物を模擬した訓練設備や実物のカットモデルをはじめ、CAIやシミュレータなども用いられています。しかし、現地・現物にはまだまだ敵いません。

また、このようにしてその気にさせたら、その熱が冷めないうちに、業務に必要な知識の幅と深さは無限であること、すなわちプロとしての実務者には、業務に直結する知識はもちろんのこと、関連する数多くの知識が必要であり、それらはどのような分野、項目であり、どのようにして学んでいったらよいのかという「勉強法」を教えてあげることが大切です。

◆技能

加齢とともに身体機能が低下していくことはヒューマンファクターズとして避けることができません。加齢に伴って著しく低下する機能は、視力、明暗順応、聴力、平衡感覚、記憶力などですが、反応速度も四分の三程度に落ちます。また、目の機能は通常の視力のみならず、動体視力も落ち、さらに水平視野は若年層が約一八〇度あるのに対し、高齢者は一〇〇度ぐらいまで落ちてしまいます。このため、不規則な動きに対して俊敏な反応を必要とする作業は、高齢者には不向きとなりますが、熟練や定期的な繰り返し訓練によって、あるいは経験や高い思考力、判断力で衰えを補うことができます。しかし過信は禁物であり、技能の低下に気づいたら無理をしないこと、「昔取った杵柄」はいつまでも通用しないことを肝に銘じることが大切です。

一方、実務者が扱う器材は、コンピュータの導入、多用によって、日進月歩の進化をしています。航空機は「グラスコクピット」と呼ばれるように、操縦室には何枚もの電子画面が組み込まれ、計器類は画面のなかに表示されるようになっています。発電所の制御室でも、従来は制御盤の上に計器やスイッチが何百も配置されていましたが、現在では数枚の画面のなかにほとんどすべてが取り込まれています。一枚の画面は、さらに分割して表示するので、表示できる情報量は格段に向上していますが、小さくて見づらい、画面の切り替えに手間取るなど、旧型の制御盤に慣れ親しんできた人には扱いづらい設備となっています。

このように、身体機能の衰え、扱う器材の進化は避けることができないので、技能低下を防ぐ訓練、新しい設備に対応する訓練を怠ることはできません。

図 3-5　電子画面の例（提供：ANA、中部電力、伊勢湾防災）

◆技能・資格管理の必要性

前述のとおり、技能は放っておくと時間とともに低下し、扱う器材はどんどん進化していきます。また、業務に関する法律や会社のルールも次々と改訂されます。現場の実務者はこのような変化につねに対応していかなければなりません。ここで必要となってくるのが、技能や資格の管理です。必要な技能訓練を確実に受けているか、技能は一定レベル以上を維持できているか、業務に必要な資格（国家資格、社内資格）は失効していないか、法律や会社のルールの変更について正しい知識を有しているかなど、一人ひとりについてチェック、管理し、不備があれば速やかに是正しなければなりません。

一方、スキルや所持している資格に応じて担当できる作業を格づけする仕組みは従来からありましたが、近年では、とくに秀でたスキルを有する実務者に対して「マイスター」などの称号を与える仕組みが用いられています。「マイスター」などの制度は、そもそもはベテランの引退や技能者の世代ギャップに対応して、技能継承を図るために導入されたものですが、モチベーション維持にも大きな役割を担っていると考えられます。

ある病院では、安全推進担当者を「セーフティ・オフィサー」に任命し、そのバッジを胸につけるだけで、医療事故防止の活動に率先して取り組み、仲間をリードできるようになったという事例が報告されています。「セーフティ・オフィサー」という称号とバッジが、上司からの期待の表れであり、動機づけとなり、周りからも認められてリーダーの役割を担うことで成果を出し、目標を達成していくことで自分の成長も実感できるという、モチベーションサイクルの好事例だといえるでしょう。

◆意識・態度

いかに豊富な知識があっても、優れた技能があっても、それだけでは安全を維持することはできません。

航空機のパイロットの場合、知識や操縦技能（いわゆる腕前）を「フライングスキル」と呼びますが、車の両輪のようにこれと対をなすのが「エアマンシップ」であり、まさしく意識・態度がこれに含まれます。たとえば、いつ接地したのかわからないくらいソフトに着陸させることができるパイロットは優れた技能を持っているのですが、雨が降って滑走路が滑りやすくなっているときには、少し強めに接地させたほうが安全です。しかし、自分の技能をひけらかしたいばかりにソフトランディングにこだわるようでは、安全は保証されません。悪天候のなかで無理に着陸を試み、失敗して事故を起こすケースが繰り返されています。自分の技能を過信せず、「失敗するかもしれない」という謙虚な気持ちでリスクを回避することが大切なのであり、このような心の持ちようが実務者に求められる意識・態度です。

●読者への問いかけ●

みなさんの業種にも「エアマンシップ」と同じような「○○○シップ」がきっとありますか。それは、どのようなものでしょうか？

コーヒーブレーク　行動変容はできますか？

毎日の通勤、みなさんはどのようにされていますか。バス停に行くといつもの人たちが集まってきます。なぜかバスに乗車する順番まで決まっています。そして駅に着きホームで電車を待つ場所も決まっています。途中で電車を乗り換えるときも、ホームに入ってきた電車のシートに座っている顔ぶれは同じだったりします。いつもと同じ日々の訪れが心地よさを生んでいるようです。このような行動は「変わる」ことを「危険」と感じる本能から来ているようです。いつもと変わらないことに安心を感じているのでしょう。

さて、人はどういうときに行動変容を起こすのでしょう。

「どうすれば事故をなくせるのだろう」と考えていたときに出合った日本エアシステム（当時）の「ＣＲＭ」から、ヒューマンエラー対策の２つのアプローチとして、個人対策と組織対策の考え方を学びました。個人対策は態度と行動の変革のプロセスとして、知識の付与→意識の改革→態度・行動の変革を図るというものです。知識の付与として研修を行っただけでは、意識、そして態度・行動の変革に結びつかないということを感じました。

一人ひとりに知識を付与するだけではダメなんだ。では、チームとして何かできないだろうか？たとえば、一人だけで頑張るのではなく、考えや思いを自分以外の人と共有し、みんなが共感してくれるとき、「変えたくない」という脅威がなくなります。これではいけないと思って行動を起こそうとし、周りがそれを支えてくれるとき、行動変容への針が動き出します。

数年前からソプラノサクソフォンのレッスンに通っています。年に一回、練習成果を発表する機会があるのですが、チームで上手く演奏するためには、練習においてメンバー相互による振り返りが促進される場づくりが大切です。失敗した原因だと思ったことについて、「あっ」と思う気づきが生まれ、一緒になって考えてくれたみんなもそうだと思ったとき、チームが一丸となって行動変容に向かって動き出すことができます。

　このためには、チームのなかで一緒に吹いていて楽しいという安心感が担保されていることが重要です。この安心感こそが、人が相互に刺激しあい、変容していくための土壌となっているようです。ある研究では、チーム内の心理的安全がチームメンバーの学習態度にポジティブに働き、チーム学習に取り組む行動様式を生み出すといわれています。


　このようにチームとして行動変容をしていく上で、リーダーの存在を欠かすことはできません。では、ここでリーダーはどうあるべきなのでしょうか？

　私は、自らが納得し、継続する強い意思を持つことが必要だと思います。

　数年前に血圧の値が上がり、このままではいけないと思い、帰宅後にジョギングを始めました。これまでの生活をどうしたら変えることができるのか、実験が始まりました。このときの経験から、「これは別腹」「明日、しっかり走ればへっちゃら」という誘惑に負けそうなときに、ぐっと踏みとどまって自分のなかの欲求に注意を向ける、静かに自分自身に注意を向けることが大切だと実感しました。

　それは、自分がほんとうに望んでいることを忘れず、どうすれば心からうれしく思えるかをわかっていること。このような自己認識は、困難なことや最も大事なことを行うときに、つねに力を貸してくれるようです。行動変容をもたらすためには、やはり自分自身がやり抜かないといけないんですね。

平田　武（鉄道）

❶-2　人間とソフトウエアの対策（L-S）

S（ソフトウエア）とは、操作手順書、作業要領書、取扱説明書、チェックリストなどのことですが、ソフトウエアと人間のミスマッチを減らす方法については、前著の第5章で紹介したので、ここではポイントとなる項目のみを示します。

①箇条書きにする（だらだらと長い文章にしない）
②文章は肯定文で書く（「この階に男子用トイレはありません」はダメ）
③禁止行為については、その理由とどうしたらよいかも書く
④心的回転（頭のなかで地図や図面を上下ひっくり返すこと）を必要としない図を使う
⑤Know-why（なぜ＝理由や背景）を書き込む

◆マニュアル化の弊害

「マニュアル」は、もともとは「手引書」「解説書」の類を指していましたが、今日では仕事の手順や手続きをマニュアルで細かく規定するケースが増え、品質マネジメントシステムなどの普及に伴い、マニュアルに従って手続きを進め、作業を行うことが「規則」となり、マニュアルからの逸脱は「不適合」という規則違反として扱われるようになり、マニュアル＝規則という認識が広く定着するに至っています。

このような流れのなかでさまざまな弊害が生じています。

たとえば、あらゆることがマニュアルで規定され、マニュアルから逸脱してはならないと教えられて育ってきた新人たちにとっては、ただマニュアルどおりに「手順をこなすことが仕事」になっています。マニュアルがないと仕事ができない、マニュアルを自分でつくることができない、作業の意味や根拠、前工程・後工程のことを考えることができない、このような人間が育ってしまいます。このような人を「マニュアル人間」などと呼んだりします。

マニュアルに従っているだけでよいのなら、その作業はリラックスした意識状態でもこなすことができるので、手順を一つ飛ばしたり、状態の変化に気づかずに製品の品質を低下させてしまったりするエラーが発生しやすくなります。また、その反対に、マニュアルに没頭するあまり、周りの危険に気がつかず、頭をぶつけたり転倒したりする災害が発生してしまいます。

マニュアルは貴重な財産ですが、以上のような弊害も内在していることを認識する必要があります。

【解説】二種類のトラブル処置マニュアル

トラブル処置のマニュアル（チェックリスト）には、大別して二種類あります。ひとつはトラブル事象（イベント）が特定されている（たとえば故障箇所がわかっている）ことを前提として処置手順を示す「イベントベースのマニュアル」、もうひとつは兆候（シンプトン）を起点として事象の特定と処置を同時並行で行う「シンプトンベースのマニュアル」です。

イベントベースのマニュアルの場合、たとえば「右エンジン火災」のように起きている事象が明らかであれば、手順どおりに処置を進めることで対応することができます。一方、このマニュアルの弱点は、事象を誤って捉えて間違ったマニュアルを選択すると、正しい処置ができないという点にあります。

一方、シンプトンベースのマニュアルは、兆候（温度が通常値よりも上がっているなど）からスタートして、調査・分析をしながら処置が枝分かれしていくので、前述のような捉え間違いによる失敗を防ぐことができますが、迅速な処置ができないという弱点があります。

このため、迅速な処置の必要性を勘案して、必要に応じて、両方のマニュアルを整備しておくとよいでしょう。

❶-3　人間とハードウエアの対策（L-H）

H（ハードウエア）とは、機械、装置、施設などのことです。人間とハードウエアとの接点をヒューマン・マシンインターフェース（HMI）といいます。人間とハードウエアの関係において発生する誤操作などのエラーは、HMIの不備によって引き起こされているといっても過言ではありません。そして、HMIの不備の多くは、設計者が、ユーザーである現場の実務者がどのような使い方をするのかをよく考えず、あるいは製作時のコストダウンや製作のしやすさを優先して設計した結果として生じる問題です。

HMIは人間中心設計（Human Centered Design）になっていなければなりませんが、ここで「人間」とはもちろんユーザー、すなわちパイロットや運転士、運転員などの実務者のことです。

ユーザー志向設計（User Oriented Design）ともいわれますが、これを実現するためには、ユーザーである実務者が設計に積極的に参加する必要があります。このため、「参加型デザイン」と呼ばれることもあります。

❶-4 人間と環境の対策（L-E）

◆気温（室温）と湿度

近年、熱中症で救急搬送される人が大変多くなっています。熱中症による災害のなかには、熱中症の発症にともなって高所から転落したり、つまずいて転倒するケースもあります。熱中症になってしまうほどの作業環境は、人間にとってそれだけ過酷だということですが、熱中症に至らなくても作業能率や作業の正確さという点で、気温や室温が人間のパフォーマンスに与える影響は無視できません。

人間にとって最も生活しやすい温度の範囲を「至適温度《してきおんど》」といいます。この範囲を超えると、学習や作業の能率が低下するといわれています。至適温度には、個人差があるとともに、季節や作業の種類によっても異なりますが、筋肉を使う作業の場合は、上昇した体温の熱を放散する必要があるので、一五〜二〇℃といわれています。事務的な作業の場合は、二〇〜二五℃だそうです。

日本建築学会が行った研究（二〇〇八年に神奈川県において電話交換手一〇〇人を対象に一年かけて調査）の例では、室内作業の場合、二五℃が最も適しており、これより室温が高い場合は、一℃上がるごとに作業能率が二％ずつ低下するそうです。

室内における事務作業の場合は、空調によって温度・湿度を調整することができますが、屋外や工場内の場合は、温度・湿度を調整することができません。厚生労働省の調査によると、熱中症による労働災害は、作業着手日から一〜二日の間に多く発生しており、高温・多湿の不慣れな作業環境で熱中症が発生しやすい傾向が確認されています。このため、不慣れな作業環境に入る場合は、一〜二日程度の順応期間を設けることが推奨されています。

◆明るさ

私たちの視力は暗いところで低下し、作業の能率や正確さも低下します。また、暗いところでは目が疲労しやすくなります。目の疲労が最も少ない明るさは一〇〇〇〜二〇〇〇ルクスといわれていますが、ある実験データによると、この明るさの下における作業成績を1とすると、明るさが一五〇ルクス（労働安全衛生規則において普通の作業に必要な明るさの基準）まで低下した場合の作業成績は、二〇代では0.9以上で低下はほとんどありませんが、六〇代では0.7前後まで低下してしまいます。

◆騒音

騒音が人体へ与える影響はさまざまです。イライラして集中できないというような精神的なものをはじめ、疲労の増大、吐き気・嘔吐、血圧の上昇など身体へ影響を及ぼす事例、騒音性難聴のように身体への影響が残ってしまう事例が発生しています。

以上のほか、粉じんが与える影響も無視することはできません。また、高温多湿の環境では、汗によって感電災害が発生するリスクが高まります。

コーヒーブレーク　人間と気象

人類は動力機関の発明とその技術の利用によって、人や物を大量に、長い距離を早く輸送する手段をつくり出し、活動の範囲を拡げ、豊かな暮らしを手に入れてきましたが、人や物の輸送に関する歴史、すなわち船舶、鉄道、航空の歴史は気象との闘いでもありました。

旅客船や漁船の海難事故は毎年発生しており、鉄道の場合も、強風や竜巻による脱線・転覆事故が発生しています。航空の場合、気象レーダーや人工衛星による観測技術が高度化されても、墜落事故はなくなっていません。空港周辺で局地的に発生する下降気流などに巻き込まれて着陸を失敗する事故が繰り返されています。

いかに科学技術が進歩しようとも、私たち人間は自然の力に打ち勝つことはできません。自然に対する畏敬の念を忘れることがあってはなりません。

近年、日本はもちろんのこと、世界のあらゆる地域で気象の変化が問題視されています。大型台風の発生、ゲリラ豪雨、竜巻、異常乾燥、渇水などによって、さまざまな被害を受けています。またその強さは年を追うごとに激しくなってきています。今年だけが異常だったのではなく、毎年もっと激しくなると考える必要があります。

気象による航空機事故は、他の空港へダイバート（代替着陸）する勇気、到着時刻を遅らせる勇気があれば、助かることができた事例も多くあります。しかしながら近年そうとばかりは言い切れない事故も出てきました。

私が旅客機で飛び始めた三〇年以上前は、高度四万フィート（約一万三〇〇〇メートル）に上がると空は群青色に変わり、宇宙への入り口を感じることができました。いまは同じ高度に上がっても水色の普通の空が続くだけです。また、グリーンランドは夏でもほとんど氷に覆われていて海氷が陸地に接岸していました。それが最後に飛んだ七年前には、茶色い地面がむき出しとなり、海氷は陸地から大きく離れていました。

また、五年前は揺れる高度を知り、そこを避けて飛べばすみました。現在ではほとんどの高度が揺れるために、揺れない高度を探してそこを飛ばなければいけない日が多くなっています。地球温暖化の真の怖さは気温が上昇することではありません。天気がより乱暴になることです。

気象状態が乱暴になると、いままでだったら無事に離着陸できたはずの状況で、突如として対処不能な気象状況が発生します。ベテランほど、過去の経験に引きずられて対処が遅れる危険性が存在します。

私たちは、気象の変化を注視し、その変化に対応していくことが必要だと考えられます。気象現象の激しさはいままでとは同じではないということを理解する必要があります。「これぐらいの雨なら問題ない」「風はやがて収まるだろう」と、ベテランほど過去の経験に引きずられて気象を甘く見る危険があります。学校の体育授業や運動会の練習などで生徒が熱中症で倒れる事例が毎年報告されていますが、学校の先生が子どもだったころと現在の気候は違うのです。同じように、産業界でもベテランの作業員がまだ新米だったころといまとでは異なるのです。「この時期に熱中症対策を始めるのはまだ早い」「昨年のこの時期は、このくらいの作業は大丈夫だった」というように過去の経験から大丈夫だと判断すると、対策の不足や遅れ、事故によって尊い命を失うことになります。

気象に関しては単なる気象学の知識だけではなく、どのような変化が起こりうるのか最悪の変化を予想し、それへの対策を事前に取ることが必要です。そのためには、さまざまな分析方法や対処方法、過去の事故事例を研究する必要があります。

手前味噌ですが、私が『エアラインパイロットのための航空気象』を書いたのも、変化している気象の分析と対処方法を一人でも多くのパイロットに伝えたかったからです。この本を読んでいただくことで、たとえ一件でもよいから事故が減ることを願っています。

横田友宏（航空）

❶-5　人間と人間の対策（L-L）

組織のなかで、私たちはチームを組んで仕事をしています。「人は必ず間違える」というヒューマンファクターズの基本を踏まえると、チームのなかでエラーを防止していくことが重要だといえます。

たとえば、「個人の対策」で紹介した指差呼称は、脳を覚醒させるなどの効果がありますが、チームのなかではさらなる効果が期待できます。

発電所の中央制御室内ではチームで仕事をしていますが、運転員が制御盤の前に立って指差呼称を行うことによって、運転責任者や他のメンバーが「いま操作しようとしているスイッチが正しいスイッチか」確認することができます。ある発電所の中央制御室では、指差呼称して操作を行うときに、3・2・1とカウントダウンをするそうです。このカウントダウンの間に、近くにいる同僚が、操作しようとしている運転員に目を向け、間違ったスイッチを操作しようとしていないか確認するのです。

◆チーム力

チームは一般的には○○係、△△班、□□グループのようなくくりとなっていますが、このようなファミリー的な構成のほかに、鉄道の運転士と車掌、医師と看護師などのように、所属する部署が違っても日常業務のなかでペアやチームを組むケースがあり、このようなケースも「チーム」として機能しなければならないことは、前著の第4章で述べたとおりです。加えて、仕事の流れとして、上下（前後）・左右の別のチームとの連携が必ず存在するので、ここにも「チーム感」が必要不可欠であるといえるでしょう。

しかし残念なことに、個人のエラーをリカバリーできなかったり、メンバー間のコミュニケーションが悪くてエラーを引き起こしたり、チームとしての意思決定や対処行動が不適切で事故を拡大しているのが現実です。

優れたチーム力があれば、そのシナジー効果によって「1＋1＝2」以上のパフォーマンスを発揮して、事故を防止し、難しい問題も解決していくことができるはずなのに、現実は、チーム力が機能せず、あるいはチームを組んだために事故を引き起こしてしまっているのです。

事故を引き起こすこともあれば、危機を救うことができるのもチームの力です。そこで、前著では航空界の良い事例として「ＣＲＭ」（クルー・リソース・マネジメント）をご紹介しましたが、今回は、近年関心が高まっているＣＲＭを参考にしたいと考えておられる実務者が多いので、ＣＲＭ導入時の注意点をご紹介します。

「ＣＲＭ」は、「安全運航を達成するために、コックピット内で得られる利用可能なすべてのリソースを有効かつ効果的に活用し、チームメンバーの能力を結集して、チームの業務遂行能力を向上させる」というもので、現在では本家の航空界にとどまらず、鉄道、海運、医療、原子力、自衛隊、宇宙など、さまざまな分野で応用されています。

しかし、航空界の成功例をそのまま真似をすればよいというものではありません。ＣＲＭは航空会社によって内容が異なり、同じ航空会社のなかでも、運航乗務員、客室乗務員、整備士など、部門や職種によっても違いがあります。本家でもそれだけの違いがあるので、他の分野でこれを応用する際には、それぞれの会社の風土や業務内容に適合させることが大切です。

ＣＲＭを導入するために必要な「適合化」とは、どのようなことでしょうか。

それは、導入する職場の実情を正確に把握し、身の丈に合わせるということです。CRMでは、俗にいう「既製品」に手を出すことは禁物です。実情に合ったものを適切に実施して初めてその職場に有効に機能します。航空のCRMをそのまま導入して失敗した事例はいくつかありますが、よく調べてみると例外なくこの適合化作業が行われていません。この作業には専門的なノウハウが必要ですから、次のような要点を参考にしてください。

①導入目的を明確にする

「CRMは何だか良いものらしいから導入しよう」「何か新しいことを取り入れたいからやってみよう」というあいまいな理由で導入を進めてもうまくいきません。目的や必要性を全員で共有化しないと、メンバーをその気にさせることができないし、勝手にバラバラな方向へ散らばっていってしまうからです。自分の組織で起きている事故やトラブルの状況を分析し、どのような問題や弱点があるのかを明らかにした上で、その問題や弱点に対応していくためにCRMを導入するということを全員が納得できなければなりません。

②専門家のアドバイスを受ける

CRMの基本的な理論は同じであっても、使われている手法やツールはさまざまなので、導入する組織に適合させるためには、ＣＲＭについて幅広い知識と豊富な経験を有する専門家のアドバイスを受けながら構築、導入作業を進めるとよいでしょう。

③現場へ丸投げしない

導入時は本社の担当部署が主導するものの、運用に入ると現場へ任せっきりとする「丸投げ」は禁物です。導入から定着までには相応の期間が必要であり、地道にサポートしながら、必要に応じて軌道修正を行うなど、継続的なフォローが必要です。

④対象部署の全員に教育する、全員参加で進める

ＣＲＭの導入にあたっては、対象部署の全員が共通の知識を有することが必要です。導入時の教育を簡素化し、指導役となるリーダーだけを集めて教育しても、リーダーの空回りを招くだけです。

⑤対象や範囲を限定して導入する方法もある

社長や部門長の大号令により全社一斉にあるいは部門をあげて導入していく方法もありますが、前述のとおり、全員への教育が必要なので、全社的に、あるいは部門全体として導入していくため

には、相応の時間と費用がかかるばかりか、人数が多くなることで抵抗勢力が生じる可能性があります。また、導入過程では修正も必要となるので、ムダが生じる可能性もあります。
このため、組織のなかで先行して導入する部署を限定し、そこでの実績を活かしながら、水平展開していく方法があります。また、ＣＲＭで取り組む施策は多岐にわたるので、施策を限定して順に拡げていく方法もあります。

チーム力は、「ヒューマンエラーを減らす対策」と「ヒューマンエラーを事故にしない対策」の両方を兼ね備えています。

事例 Think-and-Act Training ―ＣＲＭを応用したＪＲ西日本における乗務員訓練―

ＪＲ西日本では、福知山線列車事故（二〇〇五年四月）のような事故を二度と発生させないため、同年五月に「安全性向上計画」を策定し、社外有識者で構成する安全諮問委員からの提言も反映して、さまざまな施策を推進してきました。「安全性向上計画」は二〇〇九年には「安全基本計画」として見直され、二〇一三年からは「安全考動計画」を推進しています。これら一連の取り組みのなかで、二〇〇六年に安全研究所を設立しましたが、ここでの研究成果がハード・ソフト両面で各種対策に生かされています。

「Think-and-Act Training」もその一つですが、この訓練が開発されたきっかけは東日本大震災でした。

この震災で、JR東日本の在来線では、大船渡線、気仙沼線、石巻線、仙石線、常磐線などで大きな被害を受けましたが、列車五本が津波で脱線、大破したものの、乗客・乗務員は全員が無事に避難し、列車二本が高台で停車または高台まで走行することで難を逃れました。なぜ全員が助かったのでしょうか？一つは、日頃から「地震・津波対応マニュアル」などを整備し、訓練を積み重ねていた点にあります。これらのマニュアル類は、決して画一的なものではなく、各線区などで工夫されており、社員からの提案も生かされていました。

しかし、マニュアルどおり、あるいは指令員からの指示どおりでは、犠牲者を出していたと考えられるケースがありました。ある列車では、乗客を大船渡小学校へ避難誘導しようとしたところ、地元に詳しい乗客から、いまいる線路より低い大船渡小ではなく、より高台にある大船渡中学校へ避難したほうがよいとアドバイスされ、運転士の判断で実行し、難を逃れることができました。このような現場の乗務員による臨機かつ的確な判断と行動が多くの命を救ったのです。

このような事例から、JR西日本でも、乗務員が現地で判断し行動することの重要性を認識し、乗務員に判断を任せるようマニュアルを変更しました。しかし、乗務員の判断能力が高くなければ意味がありません。そこで安全研究所では、「鉄道版ＣＲＭ」（Ｒ-ＣＲＭ）構築の一環として続けてきた「異常時の対処法に関する研究」の成果を生かし、運輸部と共同で「エラー回避スキル向上プログラム」を作成しましたが、その一端を担うのが「Think-and-Act Training」です。

この訓練の目的は、大規模な自然災害などが発生した場合に、マニュアルだけでは対応できないため、必要な情報を乗務員が自ら入手し、集まった情報をもとに最善の判断ができるようにすることです。訓練は「図上演習」(シミュレーション訓練)形式によるロールプレイングとなっており、これまで体験したことがないような緊急事態に直面し、刻々と状況が変化するなかで、必要な情報を集め、状況を把握した上で、運転士と車掌が協力してより安全な行動を判断していきます。

事例 **間違いを指摘したつもり**

ある発電所での出来事です。その発電所では、現場に出て機器を操作する運転員は無線を携行し、中央制御室と連絡を取りながら現場操作を進めます。ある日、中央制御室と現場の間で、つぎのような交信が行われました。

現場：三号機給水ポンプ○○弁、全閉にします。

中央：(○○弁だって？ ××弁と間違えているぞ)

三号機給水ポンプ××弁を全閉ですね。

現場：○○弁よし。(全閉操作) ○○弁、全閉にしました。

中央：えっ！

中央制御室の運転員は、現場の運転員が間違った弁を操作しようとしていることに気がつき、そのことを現場へ伝えようとしたのですが、「間違っている」とはっきり言わなかったため、現場にその意図が伝わらなかったのです。

このような事例はさまざまな産業の現場で起きています。

医療ではつぎのような例がありました。手術を始めるにあたり、医師たちは目の前の患者が別人ではないかと疑問を持ち、手術予定の患者Aさんが病室から手術室へ降りているか病棟へ確認しました。病棟からの返答は、「確かに降りている」というものでした。しかし、その日、別の患者Bさんも手術室へ搬送されており、手術室の入口でAさんとBさんが取り違えられていたのです。

【解説】リーダーシップとヘッドシップ、フォロワーシップ（チーム力を高めるために）

「リーダーシップ」は普段よく使われる言葉です。それでは、組織あるいはチームのなかでリーダーシップを発揮すべきなのは誰でしょうか？「それは、チームのリーダーでしょう」という答えが返ってきそうです。それでは、リーダーは誰ですか？「もちろん、チームのトップだよ」。

私たちは、リーダーシップはチームのトップが発揮するものだと理解してしまいがちですが、実はそうではないのです。職場における一般的なチームでは、チームのトップがリーダーシップを発揮するのが普通ですが、リーダーシップはチームのなかの誰が発揮してもよいものであり、また、状況や課題によってはトップ以外のメンバーが発揮しなければならないものです。

リーダーシップにはさまざまなスタイル（型）があるといわれており、たとえば指示型、説得型、参加型、委任型に分類する例がありますが、状況や課題に応じて必要とされるリーダーシップの型が異なります。平時であれば参加型や委任型のリーダーシップが好ましくても、有事において緊急を要する状況にあっては指示型のリーダーシップが求められます。しかし、状況に応じてリーダーシップの型を使い分けることができる人は少ないので、平時向きのリーダーシップの人は、有事において十分なリーダーシップを発揮することは難しいはずです。このため、事故や災害が発生した有事においては、有事向きのリーダーシップを持っている人がリーダーとなってチームを動かしていく必要があります。もちろん、トップに代わってチームを動かしていくためには、相応の知識や経験、人望が必要となるので、このような場面ではトップを補佐する立場の人がリーダーになるのが一般的です（ただし、若年者がリーダーになることを否定しているわけではありません。たとえば、コンピュータに関するトラブルが発生した場合に、メンバーのなかにコンピュータに詳しい人が若年者しかいないのであれば、その人がリーダーシップを発揮する状況もあります)。

「リーダーシップ」とよく似た用語に「ヘッドシップ」があります。ヘッドシップはリーダーシップを構成する要素の一つという考え方もありますが、ヘッドシップとはチームのトップ(ヘッド)がその権威、権限に基づいて部下に対して一方通行で発揮するものであり、指揮命令がこれにあたります。

一般的に、リーダーシップは指導権、統率力などと訳されますが、これらはリーダーシップを構成する要素としてのヘッドシップを指したものだと理解することができます。トップの代わりにリーダーとなった人には、明確な権限がないこともあるので、このようなケースでは、メンバーはリーダーからの指揮命令で動くのではなく、リーダーからの要請や問いかけを受けて、自らの意思で行動することになります。これは、リーダーから何らかの影響を受けて行動したことになるので、リーダーシップは「影響力」と解釈することができます。

さて、リーダーから影響力を受けたメンバーは、自ら考え、自らの判断で行動します。

リーダーからの要請をそのまま行動に移すのではなく、要請内容が適切であるか否かを考え、判断し、適切であると判断した場合にはそのとおり行動し、不適切であると判断した場合にはリーダーに対して異議を述べ、代案を示すことになります。メンバーがこのような行動をすることによって、そのチームは高いパフォーマンスを発揮できるのです。このようなメンバーのことをリーダーに対してフォロワーといいますが、リーダーがどれだけ優秀であっても、これを支えるフォロワーがいなければ、チームとして成果を出すことはできません。リーダーがリーダーシップを発揮するように、フォロワーもフォロワーシップを発揮しなければならないのです。

実は、チームのパフォーマンスや成果は、リーダーの力量ではなく、フォロワーの力量によって左右されるといわれています。私たち現場の実務者は、ときにはリーダーであり、またときにはフォロワーになりますが、リーダーシップを発揮することばかり考えていては、優れたフォロワーになることはできません。リーダーの立場とフォロワーの立場の両方を知り、フォロワーになったときにはその役割をよく認識し、リーダーを支えることが重要なのです。

【解説】確認会話

前著では「コミュニケーションの失敗を防止する三〇の技術」のなかで「確認会話」を紹介しましたが、近年、コミュニケーションの失敗によるトラブルを防ぐため、「確認会話」に取り組む現場が増えてきました。しかし、「効果的な確認会話の実践」といわれても、どうしたらよいかわからないという方も多いようです。

みなさんは何かの行事や会議の開催日について、日付と曜日が合っていない通知を受け取って困惑したことはありませんか？「一五日（木）と書いてあるけど一五日は火曜日だ。一五日が正しいのだろうか、木曜日が正しいのだろうか？来月の一五日は木曜日だから来月の間違いだろうか？」。この場合、日付と曜日の不一致から間違いに気づくことができ、開催日までに相手へ確認することでトラブルを回避することができます。しかし、会話の場合はその場で間違いに気がついて確認をしないと、トラブルになってしまうかもしれません。

そこで必要となってくるのが「確認会話」ですが、「一五日に会おう」「一五日だね」では確認会話とはいえません。このようなオウム返しの確認では、相手の言い間違い、自分の聞き間違いに気づけないからです。同様に、「ポンプＤ（ディー）起動します」「Ｄ（ディー）ですね」というやりとりでは、Ｄ（ディー）とＥ（イー）の間違いを防止する効果は期待できません。

「一五日に会おう」「一五日、火曜日ですね」

「来週の火曜日に会おう」「来週の火曜日は一五日ですね」

このように一言追加したり、相手が使った言葉とは別の言い方で返すことが確認会話のポイントの一つです。

このほかにも確認会話にはさまざまなポイント、テクニック、あるいはツールがあります。たとえば、医療分野では「2チャレンジルール」「エスバー」（SBAR）の実践に取り組んでいる例があります。「2チャレンジルール」は安全上の問題を感じたり発見したときに、繰り返しアピールするものです。

医師　「○○注射の準備してください」

看護師「え？　○○注射ですか？」（あれ？　××注射じゃないのかな？）

医師　「そう。急いで」

看護師（2チャレンジルールだ）「先生、××注射ではありませんか？」

医師　「あ、そうだった。××注射お願いします」

「エスバー」（SBAR）は、緊急事態において情報を迅速、確実かつ効果的に伝達するためのテクニックであり、医療現場では、患者の容態が急変したときの看護師から医師への情報伝達に使われています。

SBARはそれぞれ、状況（Situation）、背景（Background）、考察（Assessment）、提案（Recommendation）を意味しています。緊急を要するときに長々と状況を説明している時間はありません。さらに、なぜ緊急性があると考えるのか、その理由を伝える必要があります。その上で、自分としての考察や提案を付け加えることで、相手から反応を引き出しやすくなり、双方向のコミュニケーションが成立します。

S（状況）：いま、何が起きているのか
B（背景）：これまでの経過、どんな背景があるのか（だから緊急性があると考える）
A（考察）：自分はどう考えるのか
R（提案）：どうすべきと考えるのか、何をしてほしいのか

❷ ヒューマンエラーを事故にしない対策（エラー・トレラント・アプローチ）

エラー・トレラント・アプローチは、エラーがあっても事故に至らせない仕組みづくりです。人間がエラーをすることを前提にしてシステム設計を行う方策が一般的です。

◆フェイルセーフ、フールプルーフ

フェイルセーフ（Fail Safe）やフールプルーフ（Fool Proof）は、人間が間違った操作をしたときに機械を安全に停止させたり、間違った操作をしても受けつけない（動作しない）ようにする仕組みのことです。

身近な例では、電子レンジは加熱中に扉を開けると加熱が自動で止まるようになっており、洗濯機も同じように運転中にふたを開けると止まるか、運転中はふたが開けられないようになっています。

●読者への問いかけ●

みなさんの職場や身の回りにあるフェイルセーフ、フールプルーフの仕組みには、どのよ

うなものがありますか？

また、みなさんが使っている機械には、フェイルセーフ、フールプルーフの仕組みが組み込まれていますか？

◆インターロック

インターロック（Inter Rock）は、人間が間違った操作をしても機械が動作しない仕組みであり、安全に運転できるために必要な条件が整っていないと機械は動きません。たとえば自動車の場合、シフトレバーがドライブ（D）やバック（R）の位置にあると、エンジンキーを回してもエンジンがかからないようになっています。

発電所などで使われている大型ポンプの場合、ポンプの軸受に潤滑油が供給されていないと、起動スイッチをひねっても動くことはありません。軸受に潤滑油がない状態でポンプが回ると、軸受を焼損してしまうからです。このような仕組みは、鉄道では列車のすべての扉が閉まっていないと運転レバーを操作しても動かないようになっているなど、さまざまなところで応用されています。

◆エラーを見つけやすくする

火力発電所では、機器に故障が発生すると、その機器を系統から切り離し（アイソレーション）、機器内部の流体（高温水など）を排出して分解できる状態にし、点検修理を行います。この際、系統からの切り離しや内部流体の排出のために閉止・開放したバルブには、ほかの作業者たちが触れることを禁止する「操作禁止」の標識札を取りつけます。この標識札は下の部分が切り離せる半券タイプとなっていて、上下に同じ通しナンバーが印刷されています。切り離し操作では、札の上部を「操作禁止」の標識としてバルブなどに取りつけ、半券（下半分）は回収して保管しておきます。

点検修理が終了し、機器を系統へ戻す操作を行うときは、「操作禁止」の標識を回収しますが、回収した枚数と保管しておいた半券の枚数、通しナンバーが合致しなければなりません。もしも合致しなければ、復旧操作が確実に行われていない（復旧操作忘れがある）ことがすぐにわかります。

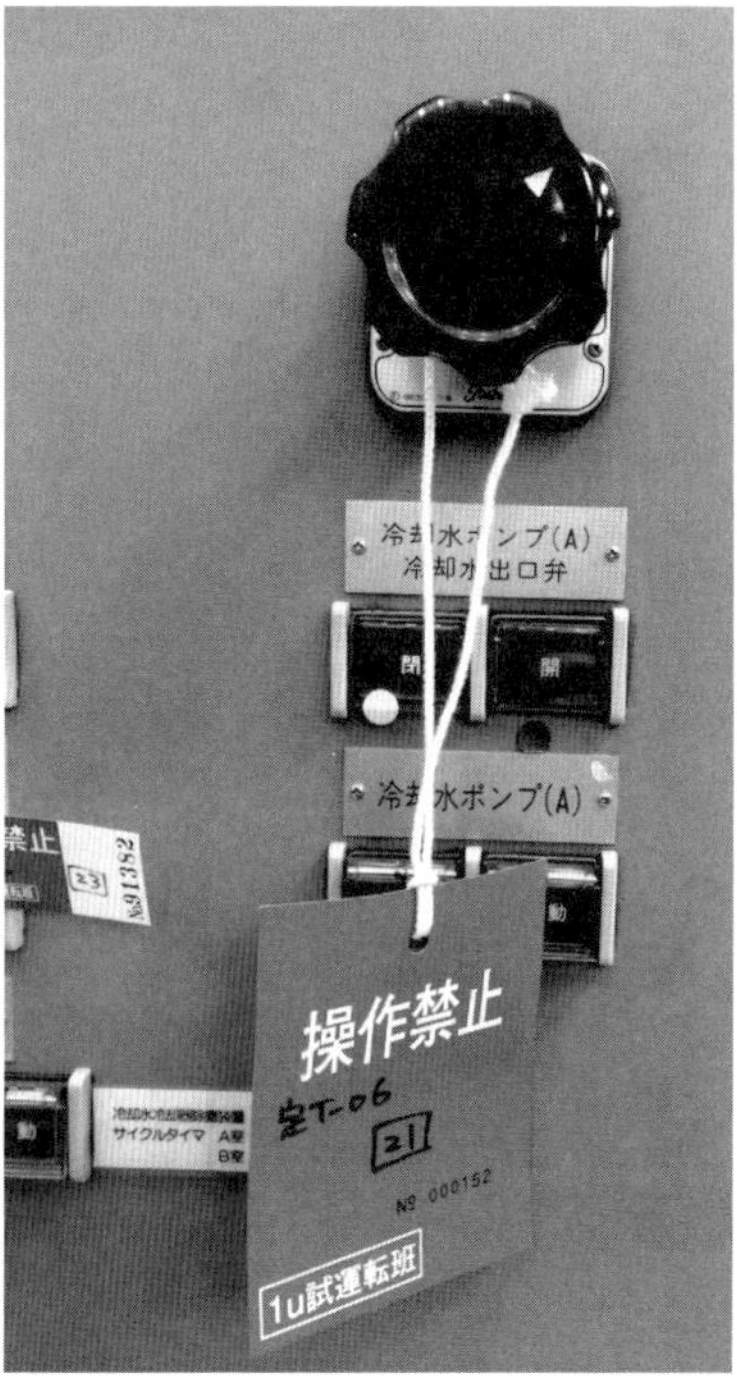

図 3-6　半券タイプの標識の取り付け例

このような方法は各種製造プラントなどで広く使われており、復旧忘れというエラーがあっても、それに気がつき、プラントを再稼働させる前に正しい状態へ戻すことで事故を防いでいます。

また、機器を分解点検する現場では、スパナやドライバーなどさまざまな工具を使いますが、これらの工具やそのパーツを機器のなかに置き忘れると、運転再開後に機器を壊してしまう可能性があるので、工具類は員数管理（数量管理）を確実に行う必要があります。しかし、工具棚や工具箱がごちゃごちゃの状態では、一つぐらいの不足や混入があってもすぐにはわかりません。そこで、工具と同じ形の輪郭を一つひとつ表示した工具棚を使用することで、工具の不足を一目で見つけることができるようにしています。近年では、ＩＣチップを内蔵して自動的に数量管理できるシステムも導入されています。

❸ 戦略的エラー対策（組織的な対策）

エラー・レジスタント・アプローチとエラー・トレラント・アプローチの考え方を発展させたヒューマンエラー対策を東京電力の河野龍太郎さん（現・自治医科大学）たちが考案しました。『戦略的エラー対策（４ＳＴＥＰ／Ｍ）』というもので、四つのステップ、一一の戦術で構成されています。詳細は、『ヒューマンエラーを防ぐ技術』（日本能率協会マネジメントセンター刊）に詳述されているので、そちらを参照してください。

戦略的エラー対策の『4STEP／M』は図3-7に示すとおり4つのステップで構成されており、ステップⅠ、Ⅱがエラー・レジスタント・アプローチに、ステップⅢ、Ⅳがエラー・トレラント・アプローチに相当します。

◆生産性と安全性は対立する？

組織はものづくりやサービスを通して利益を得ることで存続することができるので、コストダウンや作業能率の向上によって、生産性を高める努力を日々続けています。

一方で、安全性を高めるためにも投資が必要です。「気をつけろ」「気を抜くな」という叱咤にコストはかかりませんが、これだけで安全性を高めることはできません。安全装置をつける、そのメンテナンスを行う、社員教育を行うなどの安全対策にはコストがかかります。コストダウンを追求するなかで、安全にかかるコストをどう扱うかは悩

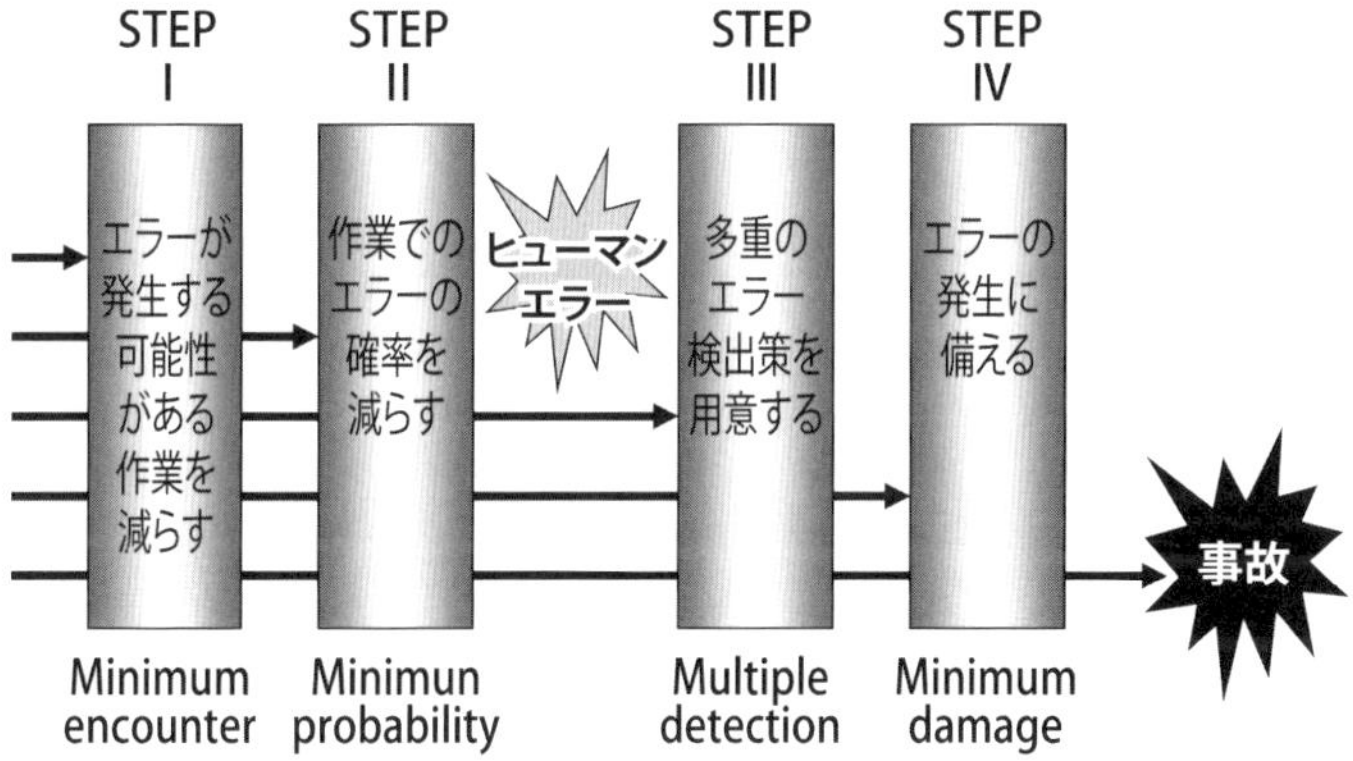

図 3-7　戦略的エラー対策（4STEP/M）

ましい問題です。

このような生産性と安全性の関係を、ジェームズ・リーズンは「生産性対安全性空間」の図で示し、組織が大事故によって崩壊するまでの過程を解説しています。

安全コストを一時的に削っても、すぐに事故が起きるわけではなく、安全性が低下したようには見えないので、一般的には安全性よりも生産性のほうに関心が向きやすいという特性があります。この特性に注意を払いつつ、生産性と安全性のバラン

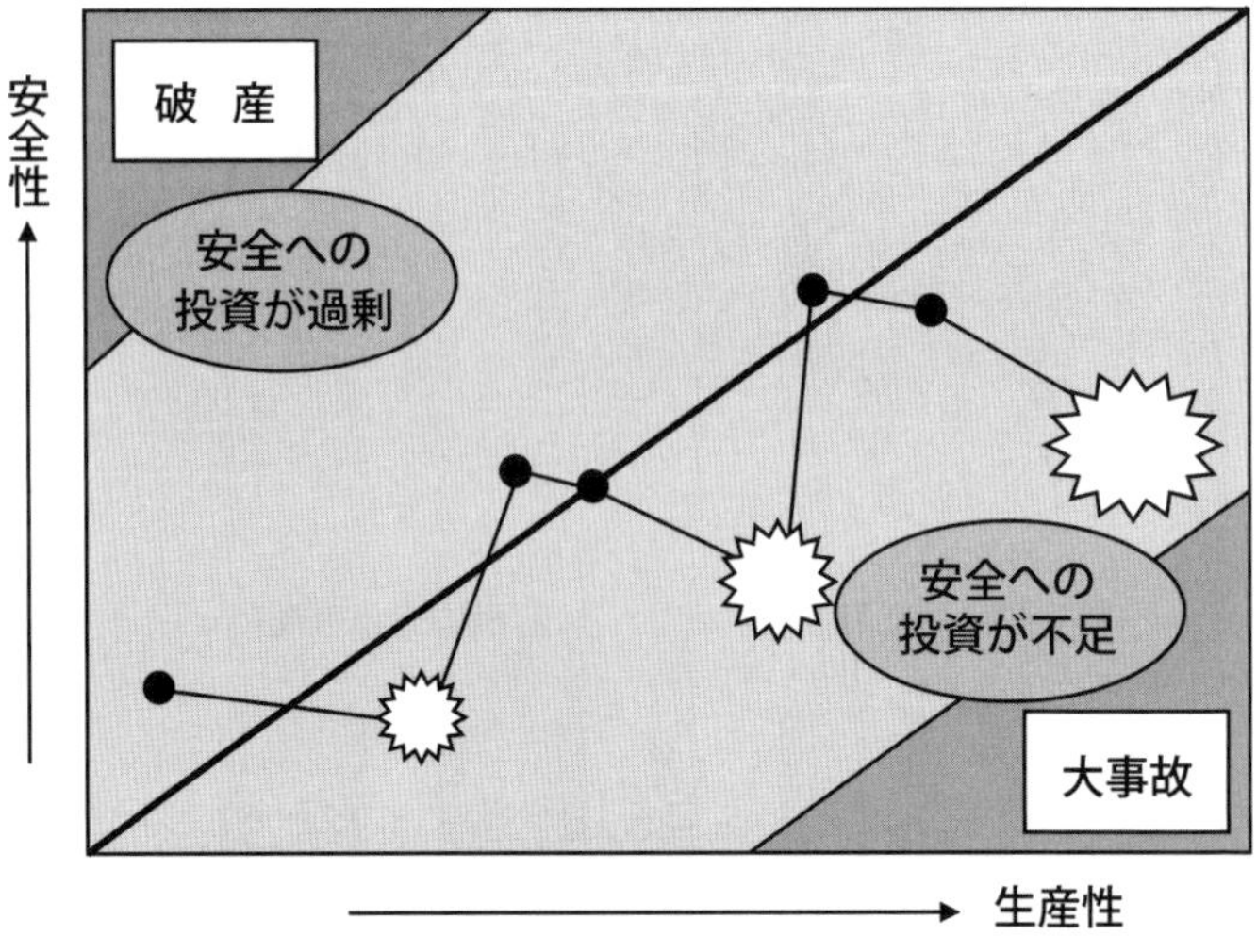

図 3-8　生産性と安全性の関係

はじめは妥当な安全裕度をもって生産活動を始めるが、やがて少しずつ右下へ向かっていく。時間が経過するにつれ、安全裕度がしだいになくなり、小さな事故が起きる。この事故の結果、安全性はいったん改善されるが、再び生産が重んじられるようになり、つぎにもう少し大きな事故が起きる。安全性は再び向上するが、やはりこれも徐々に衰退する。そしてついに大事故が発生して組織は崩壊する。

スを保ち続けることが大切なのです。

たとえば、コストダウンのために安全教育を減らす例（具体的には過去に起きた事故の教訓を継承するための教育をなくすなど）を考えてみましょう。安全教育を減らしても、その時点の従業員はそれまでに繰り返し安全教育を受けているので、教育の内容（事故の教訓）は理解されています。しかし、数年後はどうなるでしょうか？　教育を受けていない新しい従業員が増え、教訓は忘れ去られてしまいます。

安全にかかわるコストダウンの成否は、すぐには判断できないのです。

さて、リーズンは、「生産性と安全性は元来、相容れない関係にある」と言っていますが、安全性を高めれば、生産性も上がるという関係はないのでしょうか？

まず、長期的に見た場合、安全性を高めた結果として事故が減り、これによる損失が減ったことで生産性が高まるという構図が考えられます。しかしもっと単純に、ひとつの投資が生産性も安全性も高めるという直接的な関係はないのでしょうか？

たとえば、製品組み立ての現場では、ねじ一本を締める時間も短縮することで生産性を高めようとしています。このために、作業者が余分な動きをすることなく、さらに楽な姿勢で作業ができるように工夫がこらされています。この結果、作業能率（生産性）が高まるだけではなく、組み立ての信頼性（品質）も高まり、さらに作業者の疲労を軽減し、腰痛などの労働災害が起きるリスクも減らすことができるのです。

これはものづくりの現場に限ったことではありません。たとえば、病院のバックヤードでは点滴や注射の準備などが行われますが、さまざまな薬や器材が置かれているので、そこから必要な物品を持ち出して準備する作業には手間がかかります。これらは、機械化や自動化ができない作業であり、看護師などが時間をかけて行っています。このようなとても手間がかかる作業によって、看護師の活動時間が制約され、繁忙感が高まり、医療事故を招く要因になっています。このため、バックヤードの整理・整頓を行い、薬品や器材の出し入れが迅速かつ確実に行えるようにすることで、作業能率が高まるとともに繁忙感を軽減でき、医療事故が起きるリスクを減らすことができます。

【解説】効率性と完全性のトレードオフ（ETTO）

生産性と安全性はジレンマを生じさせやすい関係にあります。現場の実務者がこの両者の狭間で悩まされることがよくあります。

「社内規定で定めた生産設備の点検期限が三日前に切れていることがわかった。設備の点検には一週間かかる。いま点検に入るとお客様への納品が間に合わない。法定点検の期限は一か月後だ。設備は正常に稼働している。このまま生産を続けようか？」

もっと身近なところでは、生産性を効率性に、安全性を完全性に用語を置き換えてみるとわかるとおり、私たちは日常におけるさまざまなことを効率性と完全性を天秤にかけて判断しています。たとえば車で交差点を通過する場面。道路交通法では交差点における通行方法として「できるかぎり安全な速度と方法で進行しなければならない」とされています。もしも完全性を期するのであれば、左右や対向車の状況を繰り返し確認しなければならず、徐行または本来は不要な一時停止をせざるをえなくなってしまいます。しかし多くの人は交差点をスムーズに通過したいので、信号機を信じ、左右の確認はほとんど行わず、減速もせずに交差点を通過しています（むしろ、信号機のみを注視し、交差点直前で信号が黄色に変わろうものなら、アクセルを踏み込む人もいるでしょう）。

エリック・ホルナゲル博士（第5章参照）は、この効率性と完全性の関係を「ＥＴＴＯ《エトー》」（Efficiency–Thoroughness Trade Off）と表現し、この関係に基づいて個人やチーム、あるいは組織が取りやすい判断や行動を「ＥＴＴＯ原則」と言っています。たとえば、先ほどの交差点を通過する際、「（交差側の相手は信号に従って止まるから）事故は起きない」と判断するケースのように、「いつも大丈夫だ」「誰かがすでに確認した」「後でやろう」「前回はうまくいった」など、さまざまなＥＴＴＯ原則があります。

私たちは、生活のなかでさまざまな体験を繰り返しながら、迅速に判断・行動できる適応能力や柔軟性を身につけています。ＥＴＴＯ原則に基づいて行動することにより引き起こされる事故が多くありますが、一方でＥＴＴＯ原則に基づくことによって円滑な生活を送ることができているのです。さらには、効率性と完全性のバランスを取ることで、トータルリスクをより小さくしようとしていると考えられます。たとえば、交差点で完全性を追求し、青信号なのに過度な徐行をすると、追突というリスクを増大させるだけでなく、渋滞という損失を生じさせることになります。作業現場の場合、作業手順書の完全性を追求すれば、チェック（確認）項目や注意書きが雪だるま式に増えてしまい、項目数が増えることによる見落としや飛ばしが起きやすくなり、結果的に信頼性を下げてしまうことになります。

私たちは、課題を処理する際、「早く終わらせたい（時間をかけたくない）」「楽に終わらせたい（手間をかけたくない）」という欲求を抱く一方、「手抜きを指摘されたくない」「自分が納得できる仕上がりにしたい」という欲求から「完璧さ」を見捨てることはできません。このため、私たちは自然と両者のバランスを取ろうとします。

効率性と完全性のどちらを優先するかはケースバイケースです。誰でも不慣れなことをするときは完全性を優先しますが、慣れてくると効率性を優先するでしょう。大切なことは、優先しなかった側の最低ラインを意識し、それを切らないようにすることです。

4 これまでの安全管理にひと工夫

古いタイプの安全管理は、教育（再教育）と懲罰により労働者を鍛え上げる手法が中心でしたが、もちろんこれ以外にも、古くから導入され、現在に至るまで受け継がれているものがあります。その代表が、「安全の三種の神器」と称される「指差呼称」「KY活動」「ヒヤリハット」の三つです。ものづくりの現場では、ほとんどのところでこの三つが導入されています。しかし、形骸化やマンネリ化に悩んでいる現場が多いのではないでしょうか。どうしたら、形骸化やマンネリ化を防ぐことができるのでしょうか?

読者への問いかけ

あなたの職場の「安全の三種の神器」はサビついていませんか?
サビついていたとしたら、どんな点が良くないと思いますか?

◆TBM-KY活動 —その先の先までイメージする、頭を使うKY活動にする—

みなさんのところでは、TBM-KY（ツールボックスミーティングと危険予知）活動をどのように行っていますか？ 一般的には、当日の作業予定を全員で確認し、どんな危険があるか順番に発言して、その日最も注意する項目に○をつける、このようなスタイルが多いと考えられます。この方法は長い年月を経て定着した、完成度の高いものだといえますが、一方で形骸化している職場が多いようです。災害発生時の報告書に「9:00 TBM-KY実施」「10:00 災害発生」と記載されるケースがありますが、これは「意味のないTBM-KYを9:00にやりました」と記載しているようなものです。

TBM-KY活動を活性化する手法として、「先の先まで考えるやり方」があります。「今日は高所作業だから、工具を落とす危険がある」で終わるのではなく、「工具を落としたらどうなるか?」「工具を落としたら、下で作業している人に当たってケガをさせる」「ケガをさせるとどうなるか?」「作業がストップし工期に間に合わない」「落とした人は工事現場から退場させられる」などのように掘り下げていくと、抽象的な危険が具体的に見えてくるとともに、自分の身に降りかかってくる問題として実感がわいてきます。実感することができれば、危険行為は自ずと抑制されるはずです。

また、「○○のような事故が起きるかもしれない」というリスクが抽出されたときには、「その事故の兆候は、どこに、どのように現れるのか？」「事故の兆候を見つけたとき、どうしたら事故を防ぐことができるのか？」を考えてみると、KYの充実度がグンとアップします。

TBM-KYは、通常、朝や昼休み後の仕事の開始時に行うので、意識フェーズは下がったまま、要するに頭が回転していない状態で行われます。このため、TBM-KYと合わせて、体操をする、合言葉を唱和するなど、体を動かすことで心身を目覚めさせる方法が多くの現場で採用されていますが、さらに「頭を使ったTBM-KY」で意識フェーズを高めるとともに、TBM-KYの結果を確実に記憶することが大切です。

「頭を使ったTBM-KY」の方法はいろいろありますが、各自がそれぞれで考え込んだり、リーダーが一方的に注意点を指摘したりするのではなく、全員参加でワイワイガヤガヤやるディスカッション形式がよいでしょう。TBM-KYは、作業現場が見えるところで行うのが基本ですが、それができないときは現場を撮影した写真を使うとよいでしょう。

◆ヒヤリハット ―「グッド・ジョブ！」も集めよう―

今日ではヒヤリハットを報告することにためらいを感じることは少ないと思います。しかし、冒頭で紹介したとおり、ヒヤリハットを報告することで懲罰の対象になることがあるとしたら、報告するためには大きな勇気が必要です。ものづくりの現場では、ヒヤリハットが直接ユーザーなどのお客様に影響を与えることはまずないので、ヒヤリハット報告に対する抵抗感はほとんどないと考えられます。しかし、病院のように直接患者さんに影響する可能性がある場合、航空や鉄道のように多くの人命を預かっている場合、原子力のように社会的関心が高い場合などは、ヒヤリハット報告に対するハードルは高くなってしまいます。とくに近年では、社会から情報公開が求められているので、事故になっていなくても、法律違反を伴うヒヤリハットなどの場合には、情報公開や報道の対象になることがあり、ヒヤリハット報告のハードルを一段と高めてしまう要因になっています。たとえば、電車のオーバーランは一時期頻繁に報道されていました。会社側が自らの判断基準に基づいて報道するケースもありますが、乗客が報道機関へ通報するケースもあります。

ヒヤリハットは「ハインリッヒの法則」にあてはめると、一：二九：三〇〇の底辺にあたる「三〇〇事故」と呼ばれるものです。ケガを伴わない小さな出来事ですが、一歩間違えば重大事故になるかもしれません。しかし、これを「事故の芽」と捉えるか、「安全の芽」あるいは「改善の種」と捉えるかで大きな違いが出てきます。「事故の芽」として捉えるのはマイナス思考であり、受けるイメージも後ろ向きです。

ヒヤリハットには大事故に至るリスクが含まれていることがあるので、ヒヤリハットですんだということは、大事故のリスクを回避したことになります。また、ヒヤリハットですんだ理由は、大事故を防止する対策のヒントになります。このように考えると、ヒヤリハットは「事故の芽」ではなく「改善の種」です。大事故になるかならないかは紙一重の違いかもしれないので、「ヒヤリハットは天使からの贈り物」という表現がピタリとあてはまります。

また、ヒヤリハットは裏返して考えれば「グッド・ジョブ!」であるケースもあります。「あわやというところで危険を回避した」これはまさしく「グッド・ジョブ!」です。Aさんが間違えそうなところで、タイミングよくBさんがそれに気がつき注意をしたら、Aさんにとってはヒヤリハットですが、Bさんにとっては「グッド・ジョブ!」です。設備の故障が発生してプラントが異常動作をしたときに、運転員が手動操作で回復した場合も「グッド・ジョブ!」です。

「グッド・ジョブ!」には事故防止のために必要な行動や判断のヒントが含まれているので、その活用はとても重要です。その情報を共有し、具体的な行動や判断のスタイルとして形式知化することができたら、効果的な事故防止の手段を手に入れることができると考えられます。

ただし、「グッド・ジョブ!」と対をなしてヒヤリハットがあることも多いので、「グッド・ジョブ!」の報告がヒヤリハットの告発にならないように注意する必要があります。

第4章

これからの安全マネジメントに必要なこと

① マネジメントシステムの問題点と対策
② リスクアセスメント
③ 要因分析の進め方
④ それでも事故が起きたら

近年、品質、環境、労働安全衛生などのマネジメントシステムが積極的に導入されています。また、これらの全産業を対象とした国際規格や国の規格に基づくマネジメントシステムのほかにも、特定の事業者を対象としてマネジメントシステムの導入が法制化されている例（運輸安全マネジメント制度など）があります。

このような動きは近年のトレンドとなっていますが、システムの導入はスタート地点であり、システムを構築しただけで安全や品質が担保されるということはありません。また、現場では、マネジメントシステム文書（マニュアル）に定められた手順を履行し、記録の作成・管理や監査対応に多大な労力を必要としていることから、マネジメントシステムの有効性を疑問視する声も出ています。

この章では、まず、近年のトレンドであるマネジメントシステム全般の問題点と改善策を探りながら、安全マネジメントシステムで不可欠なリスクアセスメントや、トラブル事象発生時の要因分析について考えていくことにします。

1 マネジメントシステムの問題点と対策

「マネジメントシステムってよく聞くけど、そもそもどういうもの？」と思っている実務者は少なくないかもしれません。それは、「マネジメント」と「システム」の日本語訳や解釈を単に合わせるだけでは意味が通じないからだと考えられます。

マネジメントシステムは、ＩＳＯで規定される用語であり、「組織が方針及び目標を定め、その目標を達成するためのシステム」と定義されています。ここでシステムとはさまざまな要素の集まりを総称しており、ＰＤＣＡサイクル〔Plan（計画）- Do（実施・実行）- Check（点検・評価）- Act（見直し・改善）〕を回し続けることで継続的な改善を図る仕組み全体であると考えると理解しやすいでしょう。

システムを構成する「要素」あるいはシステムとして必要な「要素」は画一的ではなく、導入するマネジメントシステムによって、あるいは導入する組織によって異なりますが、ＰＤＣＡサイクルが確実に回る仕組みが備わっていることが基本です。

◆マネジメントシステムの光と影（ＩＳＯじゃなくてＵＳＯ《うそ》-８００？）

マネジメントシステムを導入する組織が増えていますが、マネジメントシステムを導入すれば必ずうまくいくということではありません。マネジメントシステムも弊害を生じる可能性があるのです。

一般産業における品質や環境などのマネジメントシステムは、法制化（義務化）されているわけではなく、企業の自主的な判断や取引先からの要求に基づいて導入するものですが、企業はこれらのマネジメントシステムの認証を取得することで、企業の品質管理、環境管理の適切性や信頼性をアピールし、企業価値の向上に役立てています。マネジメントシステムの本来の意義はＰＤＣＡを回すこと、すなわち継続的な改善によってシステムをより良いものにし、品質の向上、環境影響の低減などを図っていくことにありますが、広告のために認証（お墨つき）を取得しようという企業においては、「認証取得」が目的となってしまっているケースがあります。

一方で、国際規格や国が定める要求事項を満足するマネジメントシステムを構築し、運用していくためには、手間がかかります。だからこそ、マネジメントシステムを導入したからには、安全性は高まるはず、成果は上がるはずという期待が生じます。しかし、マネジメントシステムを導入したからといって、事故が急に少なくなり、安全性が目に見えて高まるわけではありません。マネジメントシステム認証の取得はスタート地点であり、そこからＰＤＣＡサイクルを回し続けること（継続的改善）が大切なのです。

ところが、マネジメントシステムではマニュアルどおりに手順を進めることが要求されていて、マニュアルからの逸脱やマニュアルに定めていない手順の実施は認められていないので、マニュアルを正しく履行していること、さらにＰＤＣＡサイクルを確実に回していることをエビデンス（証拠）として記録しておく必要があり、その記録の作成、保管に多大な労力を必要とします。認証を取得している場合は定期的に審査を受けなければならないのでなおさらのことです。この結果、手順の履行とエビデンスの作成、管理が優先され、ＰＤＣＡサイクルを回すという肝心の部分が後回しになってしまうという問題を生じさせてしまうことになるのです。

◆コンプライアンスとマネジメントシステムのジレンマ（二律背反）

コンプライアンスは、企業が持続的発展を図る上でとても重要です。日本語訳は「法令遵守」ですが、法令だけではなく、社会規範・マナー、企業内ルールもコンプライアンスの対象であると考えるのが普通です。前述のとおり、マネジメントシステムでは、マニュアルによってすべての手順が細かく規定されているので、そこから逸脱することはコンプライアンス違反となります。

たとえば、もう一つ新しい検査項目を増やしたほうが安全性や品質が向上することがわかっていても、現状のマニュアルにないことを実施することはできません。コンプライアンス違反とならないようにするためには、どうしたらよいのでしょうか？　方法は二つ。一つは、マニュアルを改訂し、新しい手順を加えてから実施すること、もう一つは、それまでの手順どおりに済ませてしまうことです。組織のスリム化によって従業員の数が少なくなっているなかで、手間と時間がかかるマニュアルの改訂作業が敬遠されることは、容易に想像できます。

でも、新しい検査項目を追加したほうがよいことがわかっているのに、それをしないで済ませてしまうことも、コンプライアンスに反していますよね？

このようなジレンマを解消するためには、マネジメントシステムを現場の実態に沿った柔軟性のあるシステムに変えていく必要があります。たとえば、マニュアルの誤記が確認されたときは、誤記であることをしかるべき責任者が確認すれば作業を進めることができる手順を規定しておくべきです。その上で、作業が本来あるべき方法により正しく実施されたことを証明できればよいのです。

現場の実態を熟知しているのは現場の実務者なので、マネジメントシステムを生かすも殺すも実務者次第ということになります。

◆監査の質がマネジメントシステムを左右する

マネジメントシステムのPDCAサイクルを回すうえで不可欠な仕組みの一つが監査（内部監査）です。システムが正しく運用されていることを、組織のなかの監査員が定期的にチェックし、不適合（不具合）があれば是正します。監査の目的の第一は、不適合を見つけ、是正していくことなので、監査員には、不適合を一つも見つけることができないまま監査を終えることはできないという思いが生じます。この結果、経験が浅い監査員はマニュアルや記録の誤記を見つけて体面を保とうとします。これが「重箱の隅をつつく」監査となります。

もちろん、記録の誤記をなくし、正確なエビデンスを残すことは大切なことです。しかし「重箱の隅をつつく」監査が繰り返されると、記録づくりにばかり意識が集中し、マネジメントシステムの本質であるPDCAによる継続的改善が二の次になってしまいます。監査員が記録の誤記を指摘することは、記録の正しい作成と管理を定着させるうえで必要なことですが、それだけに満足することなく、監査をPDCAサイクルの重要な原動力にする必要があります。たとえば監査員は複数の事業場を回っているので、ほかの事業場と比べてすぐれているところ、より良くしたいところを示してあげることで継続的改善に弾みがつくことになります。

マネジメントシステムには以上のような弱点がありますが、これらに注意を払い、工夫していくことで、マネジメントシステムの強みを引き出していくことが大切です。このためには、執行責任者や安全管理統括者を務める経営トップのみならず、現場の実態を最もよく知っている実務者がシステムについてよく理解し、積極的にかかわっていくことが必要となります。

事例　LOSA

ここで監査とはやや異なりますが、従来の監査のスタイルを変えていく上で参考となる手法を一つご紹介します。「LOSA」という米国航空局が導入している仕組みで、Audit（監査）と名づけられていますが、私たちがイメージするこれまでの監査とは考え方や安全への反映の仕方がずいぶんと異なります。

LOSA（Line Operations Safety Audit＝運航安全監査）は、テキサス大学で開発されたもので、一九九九年に開催された国際民間航空機関のシンポジウムで世界の航空業界へ紹介されました。LOSAは、特別な訓練を受けたオブザーバーが操縦室に入り、日常運航における乗員の行動や運航状況を観察します。ポイントは、どのような観察を行っているかということです。

通常の監査は、規定などのルールを審査基準として、ルールからの逸脱がないかをチェックします。しかし、LOSAの場合は、ヒューマンエラーを招く要因の有無と、その要因に対する乗員の対応を観察します。

これは、スレット・アンド・エラーマネジメント（Threat and Error Management＝TEM）という新しいCRM訓練と関連があります。スレットは「脅威」と訳されますが、ここではヒューマンエラーを引き起こす要因となりうる「脅威」を意味しています。たとえば、鬼軍曹タイプの機長の存在は副操縦士にとってスレットであり、悪天候、機材の故障、運航の遅延などもスレットになります。TEMはヒューマンエラーだけではなく、ヒューマンエラーを引き起こす要因も特定し、そのマネジメントを行おうというものです。

このためLOSAは、ルールからの逸脱をチェックして指摘するのではなく、日常運航における一連の流れ、すべての出来事（フライトクルー間の会話、管制との交信、気象状況、航空機の状態、パイロットの操縦操作など）を観察し、どのようなスレットが生じているか、そのスレットにどう対応したかをヒューマンファクターズの知識に基づいて抽出し、その結果を科学的に診断します。診断結果は、運航にかかわる仕組みの改善にフィードバックされ、ＣＲＭ訓練（ＬＯＦＴ）のシナリオへ反映されます。

このような観察による安全点検の手法は、さまざまな業界・業種でも応用することができます。従来の安全パトロールは、現場を巡回しながら不安全箇所や不安全行動を見つけ、指摘する方法が一般的ですが、この観察による方法は、一定時間あるいは作業工程の一区切りを対象として、現場に留まり、作業の状況を少し離れたところからじっくりと観察しながら潜在しているスレットを見つけ出すのです。ビデオカメラで撮影する方法もあります。

コーヒーブレーク　運輸安全マネジメントシステムを構築して思うこと

平成一七年に入り、鉄道、航空分野においてヒューマンエラーが関係する事故やトラブルが多発しました。国土交通省が外部有識者を含めた委員会を設置し、ヒューマンエラー発生のメカニズムについて検証・議論を重ねた結果、ヒューマンエラーには、うっかりミスや錯覚など意図せずに行ってしまうものと、当事者が危険を認識しながら意図的に行う不安全行動があること、そして、不安全行動の背景には、個人的な問題もさることながら、職場風土・組織風土が大きく影響していると指摘されました。このため、うっかりミスを極力減少させる人間工学などの事故防止技術を活用したシステムづくり、不安全行動を行わないようにするための職場風土・組織風土の改善が重要であると結論づけられました。

これを踏まえ、平成一八年度から「運輸安全マネジメント制度」がスタートし、事業者は経営トップ主導のもと、現場まで一丸となった安全管理体制を構築し、国は事業者が構築した安全管理の体制について監視する安全マネジメント評価が導入されました。

私はかつて運輸安全マネジメントシステムの構築を担当しましたが、その構築に入る前に、ヒューマンエラーとは何かを勉強しました。そのとき出合った考え方が「ヒューマンエラーは結果であって、原因ではない」というものでした。現場の安全、とくに個人のヒューマンエラーについて「原因を個人に帰するのではなく、個人の背後にある組織の問題としてとらえ、それらの問題について対策を立てていくことが重要」という考え方は、安全マネジメントシステム構築の研究者や担当者の考え方として常識となっていました。しかし、このような考え方をいざ組織内に展開しようとすると、困難な課題が立ちはだかりました。

たとえば、安全全般について考える専門の部署がなかったということです。ヒヤリハットを労働安全のなかで扱うとすれば、人事部門の安全衛生部署の所掌となります。一方で、現場のトラブルは現場の管理部署が統括するといった状況でした。組織として安全の問題を扱うならば、これらの部署・部門の有機的な連携を強める必要がありました。

また、平成一八年に発生したある事故の背景を分析してみるとコミュニケーションエラーが浮かび上がりました。コミュニケーションエラーには、作業内容や指示の不伝達や誤伝達、あるいは聞き間違い、確認不足などがあります。情報が正しく伝わらない、情報を正しく受け取らないということのみならず、相手の失敗を指摘できない、自分の疑問点を確認できないなど、コミュニケーションそのものが十分に行えない組織・風土ということも含めて考えなければなりません。

このようなことに心を配りながらマネジメントシステムの仕組みを構築していきました。それは、マネジメントは『物事を正しく効率よく行うこと』という考えに基づいているからです。

私は、現場のコミュニケーションの善し悪しが安全を大きく左右すること、現場の実務者が自分へ働きかけ、主体的に行動し、リーダーシップを発揮することにより、システムが機能し、安全のスパイラルアップが図れると考えています。

平田　武（鉄道）

❷ リスクアセスメント

安全マネジメントシステムにおいて欠かすことができないのが、リスクアセスメントです。ここでは、リスクアセスメントを行うことの必要性や意義、そして注意点について紹介します。

◆「リスク」は「やばい」

「リスク」は日常会話のなかでもよく使われています。英語のriskを英和辞典で引くと、危険、冒険と訳されており、私たちは日常会話のなかで「リスク」を「危険」の意味で使っていることが多いと思います。では、私たちは「危険」をどのように捉えているのでしょうか？

たとえば、細いつり橋を渡っている状況を想像してみましょう。そのつり橋が古くてロープが切れそうだったら、私たちは危険だと感じます。しかし、そのつり橋がかかっているのが浅い小川の上で、ほんの数十センチの高さのところだったらどうでしょうか？ 落ちても平気だと思えば、それほど危険だと感じないかもしれません。このケースでわかることは、つり橋から落ちるかもしれないという可能性と、落ちたときにどの程度のケガをするのかという被害の大きさ、この二つの掛け合わせで危険かどうかを判断しているということです。

実は、この二つの掛け合わせが「リスク」なのです。すなわち、「望ましくないことが起きる可能性（確率）とそれが起きたときの被害の大きさ（損失）を掛け合わせたもの」です。リスク管理の分野では、この可能性のことを「不確実性」と表現しています。

「やばい」という表現をよく使いますが、この「やばい」こそ「リスク」を日本語訳としてうまく表現しているといえるかもしれません。

◆リスクアセスメントとは？

リスクアセスメントというと難しいことをするように聞こえますが、古くから作業現場などで実践されてきたKY（危険予知）もリスクアセスメントの一つです。KYでは、通常、その日の作業のなかで起こりそうな事故や災害を全員で抽出していきます。このとき、もうひと手間かけて、その事故や災害が起きる可能性と起きたときの被害・損失の大きさを見積もると、それはもう立派なリスクアセスメントです。

しかし、事故が起きる可能性と、起きたときの被害の大きさを見積もる作業は手間がかかります。なぜ、手間をかけてまでリスクアセスメントを行う必要があるのでしょうか？

リスクアセスメントを行う第一の目的は、どのような事故が起きそうなのかを洗い出すことです。これがわかれば、必要な対策をとることができます。ここで、「どのような事故が起きそうなのかがわかれば、それが起きる可能性や、起きたときの被害の大きさまで見積もらなくてもいいのでは？」と思われるかもしれません。

私たちの回りには、数えきれないほど多くのリスクが存在しているので、それらの一つひとつに注意を向けることはできません。仮にそうしていたら、普通に生活することができなくなってしまいます。作業の場合はどうでしょうか？ 抽出されたリスクのすべてに対策をとっていたら、そのための費用も時間もかかってしまい、作業が少しも進まないという別の問題（これも別のリスクとなります）を発生させてしまいます。

リスクの大きさを見積もることで、リスクのランクづけを行い、その大きさに見合った対策を効率良く行うことができるようになります。これが、リスクアセスメントのもう一つの目的です。また、対策をとった結果、リスクがどの程度低減できるのか（できたのか）をもう一度見積もることで、対策の適切性（過不足がないか）を評価することができます。

これは、リスク対策の有効性評価というリスク管理の手順の一つですが、私たちは「対策をとること」を目的にしてしまい、対策をとったから大丈夫と考えがちです。大切なことは「リスクを低減すること」ですから、効果のない対策にお金をかけてもしかたがありません。対策をとったら、その有効性を評価し、有効性の過不足に応じてフォローすること、さらに対策が別のところで新たなリスクを生じさせていないかを確認することが必要です。

◆リスクの見積もり（定量化・数値化）は難しい…では、どうする？

リスクの大きさはできる限り数値化することが望ましいと考えられています。たとえば、一年に一回の確率で発生し、発生すると一億円の損失が生じる場合、「一億円／年」というリスクになります。このように数値化することができたら、リスクの順位づけを明確に行うことができます。

発生の可能性（高↑低） ＼ 影響の大きさ（小→大）	赤チン災害または百万円未満の損失	軽傷災害または一千万円未満の損失	重傷災害または一億円未満の損失	死亡災害または一億円超の損失
1年に1回以上または設備正常時でも発生する	C	B	A	A
数年に1回未満または設備不具合時に発生する	C	C	B	A
10年に1回未満または単独事故時に発生する	D	C	C	B
30年に1回未満または多重事故時に発生する	D	D	C	C

図4-1　リスクマトリクスの例

しかし、起きる確率を見極めることも、起きたときの損失額を算定することも現場にとっては容易なことではありません。また、「企業の信頼」「ブランドイメージ」のように、損失額に直接置きかえることが難しいものもあります。

このため、リスクマトリクスを用いたリスクのランクづけを行う手法が一般的に用いられています。図4-1は、リスクマトリクスの一例を示しています。

◆リスクをどうやって抽出（把握）するか？ ─ヒヤリハットの活用─

事故が起きてから振り返ってみると、その事故が起こるべくして起きたことが明らかな場合でも、事故が起きる前にその予兆や可能性に気づくことは容易ではなかったというケースが多くあります。私たちは、過去に自分が経験したか、あるいは見聞した事故の知識をもとにして、どのような事故が起きるのかを想像します。しかし、残念ながらその知識には量も質も限界があります。これを補ってくれる貴重な情報源がヒヤリハットです。

日常的に起きているヒヤリハットを活用すること、すなわち、ヒヤリで終わらなかったらどんな事故になっていたかを想像することで、事故の可能性を見つけることができます。

◆テキストマイニングの活用

テキストマイニングという情報技術があります。「マイニング＝Mining」とは「採鉱」すなわち鉱石を採掘するという意味です。テキスト（文章）のなかから有用な情報を掘り出す技術です。この技術は、お客様アンケートで集められた情報から、お客様の商品に対するニーズを分析するときなどに使われています。ヒヤリハットも、いつ、どこで、何が起きたという文章で報告されるので、たくさんのヒヤリハットを集めて解析したいとき、これを手作業で行うと、一人ですべての報告（文章）を読んで、傾向や特徴を把握しなければなりません。これはとても大変な作業です。

テキストマイニングを用いれば、ある単語が使われている頻度や共通性をコンピュータが自動的に抽出、分析してくれます。

たとえばパイロットから報告されるヒヤリハットの場合、「〇〇空港」という単語でマイニングを行うと、「〇〇空港」という単語が含まれる報告が抽出され、そのなかで最も頻繁に使われている単語を検索し、さらにマイニングすれば、「〇〇空港」で頻繁に起きているヒヤリハットは何かすぐにわかります。さらに、そのヒヤリハットの要因として考えられる単語でマイニングを行うと、ヒヤリハットの原因もデータとして把握することができます。具体的には、「〇〇空港では、東風のときにハードランニングが起きやすい」といったような傾向を知ることができるのです。

◆「想定外でした」は言いわけ？ ―「あり得ない事故」ってどんな事故？―

大きな事故が起きると、事故を起こした企業の責任者からは「想定外のことでした」といったコメントが発表され、報道側は「ありえない事故が起きた」と酷評することがあります。その事故は、本当に想定することができなかったのでしょうか？

大事故であればあるほど、その事故はその企業あるいはその事業において、絶対に起こしてはならない事故のはずです。鉄道であれば脱線や衝突、船であれば沈没、航空機であれば墜落、化学プラントであれば爆発、食品であれば食中毒です。

以前は、最悪の事故を想定して備えていることを公表することが企業イメージの低下につながると受け止められていました。たとえば、航空会社の場合、墜落事故を想定した備えについて公表するケースなどです。しかし、最悪の事故が起きるリスクを想定し、それに対応した備えを整えておくことはとても大切なことであり、その状況を公表することは企業のリスクマネジメントにおいて重要になりつつあります。

また、発生頻度が極めて低いという理由から致命的な事故の可能性を想定しなかったということがあります。このような「想定外」を防止するために、リスクレベルを数値化して取り扱う確率論的リスクアセスメント（ＰＲＡ）という手法があり、原子力分野などで使われています。

3 要因分析の進め方 ―責任追及をやめ、原因追究を指向する―

安全マネジメントにおいて、リスクアセスメントを適切に行い、対策を施すことによってリスクを低減し、事故や災害を防ぐことは理想的な流れですが、不幸にして事故や災害が起きてしまった場合には、その原因を追究し、再発防止対策を立てるとともに、必要に応じて安全マネジメントの仕組みも改善する必要があります。

従来の原因追究は、第1章で述べたとおり、懲罰のための責任追及の色合いが濃く、個人のエラーを特定することに重きが置かれてきましたが、近年ではエラーが引き起こされた背景を探り、根本的な原因まで掘り下げることで、組織の安全性を高める取り組みが一般的になってきました。

◆背後要因分析は事故のシナリオ分析

ヒューマンエラーは事故の原因ではなく、そのときの状況やまわりの環境によって引き起こされるものです。ヒューマンエラーを引き起こした要因（背後に隠れていることが多い）を探し出して手を打たないと、また同じエラーが引き起こされてしまいます。

また、大事故は一つのエラーや一人のエラーでは発生しないものです。ほとんどのケースでは、エラーがチェーンのようにつながり、あるいは結びついて大事故に至ります。このような大事故に至る過程を「チェーン・オブ・イベンツ」といいます。また、ドミノ倒しにたとえることもできます。

　前著『命を支える現場力』では、事故が起きるまでの様子を一本の木にたとえてみました。木の幹は事故の直接原因や事故そのものを表し、枝は事故によって生じるさまざまな被害を表しています。

図 4-2　事故の木

　私たちは目の前にある幹や枝を見て事故を捉えようとしますが、「事故の木」は地中に根を広げているので、幹や枝をいくら観察しても「事故の木」の全体像を知ることはできません。地中に伸びて広がっている根が事故の原因を形づくっているのですから、根がどのように伸びているのか、つながっているのかを解明しなければなりません。この根の広がりは、事故が起きるまでの「構図」（シナリオ）であり、この構図を明らかにする作業が背後要因分析です。

◆背後要因分析の意義とメリット（背後要因分析は現場の負担軽減につながる）

大事故は複数のエラーと、それらのエラーを引き起こしたたくさんの要因が結びついて起きます。それらのエラーや要因の一つひとつに手を打つことは、多大な手間と費用をかけることになり、現場の疲弊、やらされ感を招き、対策が形骸化してしまいます。

エラーや要因の結びつきを解明することができれば、その結びつきを途中のどこかで切る対策をとることで事故に至るシナリオの進行を止めることができるので、効果的でしかも効率的です。

大事故に至らずに済んだケースでも、背後要因分析を行うべきです。大事故とヒヤリハットは紙一重なので、ヒヤリハットの背後要因分析を行うと、大事故に至る可能性が潜在していたことに気がつきます。また、大事故に至らずにすんだ理由（何らかの防御が機能した理由）も明らかにできます。ヒヤリハットの場合は、当事者も正直に状況を話すことができるので、背後要因分析はやりやすくなります。

◆背後要因分析手法のいろいろ

背後要因分析の基本は、さまざまな産業で使われている「なぜなぜ分析」です。「なぜなぜ分析」は、「なぜ」を四回または五回繰り返しながら問題の本質を掘り下げていくことによって、真の原因を追究していく手法です。四、五回という回数が必須ではありませんが、そのくらい掘り下げないと不十分だと考えられています。「なぜなぜ分析」は、多くの場合「一なぜ」「二なぜ」…を表形式で整理したり、ロジック図化したりしますが、新しく開発されてきた手法は、時間の経過（時間軸）や、制御ロジックのように「AND」「OR」を取り入れるなどし、複雑な要因の相互関係をわかりやすくする工夫がされています。

背後要因分析の手法には、「J-HPES」「VTA」「SAFER」「4M4E」など、さまざまなものがあります。つぎに現場で簡単に使える手法を紹介しますが、より詳しい分析を必要とする場合は、これらの手法のなかから使いやすいものを活用するとよいでしょう。

◆現場で使える背後要因分析手法の例（なぜなぜ・M-SHEL分析）

新しく開発された背後要因分析の手法には、簡単なもの、手間がかかるもの、手引書を読めばだいたいできるもの、講習を受けないと使いこなせないものなど、いろいろな種類があります。大きな事故が起きたときの背後要因分析は、分析チームをつくって、詳細な分析を行う必要があります。しかし、職場で時々起きるようなヒヤリハットや小事故（インシデント）について分析チームをつくって対応することは現実的ではありません。また、分析チームへ任せてしまうのではなく、自分

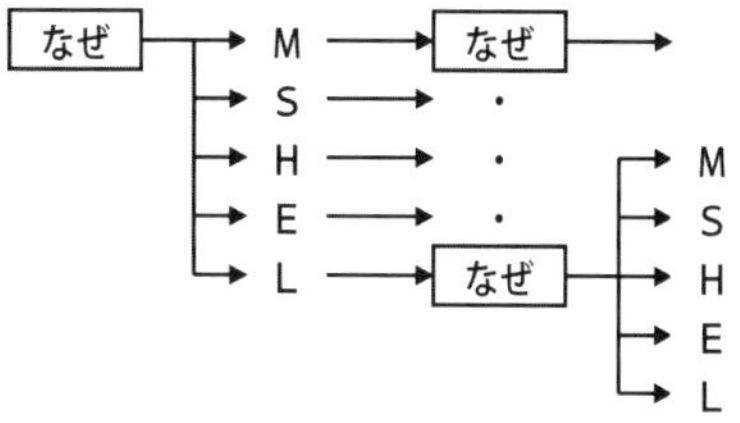

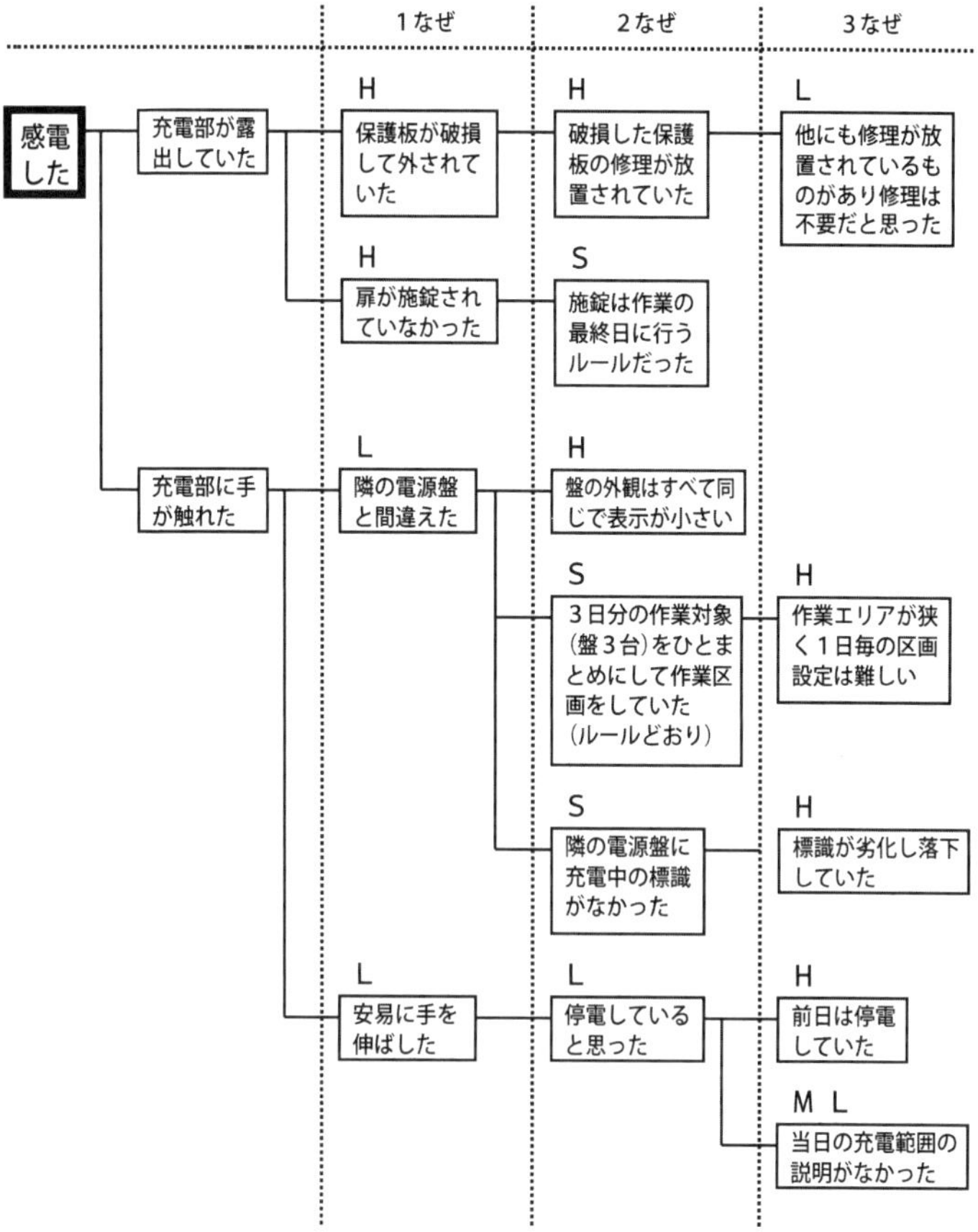

図4-3　なぜなぜ・M-SHEL分析の例

たちで行うことによって、つぎのような副次的メリットを期待することができます。このため、現場で普段着のように使える背後要因分析手法があると便利です。

ここでは、その一例として、「なぜなぜ分析」と「M-SHELモデル」を組み合わせた「なぜなぜ・M-SHEL分析」を紹介します。これは、なぜ、なぜ、なぜと掘り下げていくときに、M、S、H、E、Lのそれぞれの要素について、関連する要因（当事者や関係者がそのように行動したり考えたりした理由）がないか確認し、その関係をロジック図で表現するものです。

簡単な分析事例として、感電災害を分析したものを図4-3に示します。

感電は充電部に人体が触れることによって発生します。このため、充電部が触れられる状態にあったのはなぜか、充電部に触れたのはなぜかの二点を分析対象としています。

◆背後要因分析の副次的メリット

背後要因分析のメリットは前述のとおりですが、これ以外にも副次的なメリットがあります。

①事故を鮮明に記憶することができる

事故で痛い（つらい）思いをした当事者は、その事故を簡単に忘れることはできません。しかし、周囲の人や、他の職場の人たちは、「事故の原因と結果」を学んだだけでは、事故の記憶を長く維持することはできません。いずれ忘れ、事故の教訓も忘れ去られてしまいます。事故の構図が明確になることで、その事故を鮮明に記憶することができます。事故の記憶が長持ちすることで、事故の教訓も受け継がれます。

②リスク感受性を高めることができる

事故を鮮明に記憶できれば、よく似たシナリオに遭遇すると、「やばい！」と気づくことができます。これは、リスク感受性が高まることを意味します。

③リスクアセスメント能力を高めることができる

背後要因分析は、事故が起きてから、事故の構図を解明する作業です。リスクアセスメントは、事故が起きる前に、事故の構図を想定する作業です。この両者の作業はよく似ています。よりたくさんの事故の構図を理解することで、構図を想定する力も高まるため、リスクアセスメント能力が向上します。

④責任追及から原因追究への意識改革が促進される

背後要因分析を自分たちで行うことによって、ヒューマンエラーが真の原因ではないこと、ヒューマンエラーが引き起こされた要因がほかにあることを理解することができます。この理解によって、責任追及（誰が悪い）から原因追究（なぜ起きた）へ意識を変えていくことができます。

◆根本原因分析（RCA）の誤解 ―根本原因は一つではない―

事故の構図を明らかにすると、さまざまな要因が複雑に結びついていたことがわかります。その構図は、まるで木の根のように広がっています。このことから、背後要因分析を『根本原因分析』（RCA＝Root Cause Analysis）ともいいます。Rootとは根のことです。

根本原因分析と背後要因分析はもともと同じものですが、「根本原因分析」という表現により、「根本原因は一つ」という誤解が生じています。事故は複数の要因がつながって起きるものであり、その要因を突き詰めていっても、一つの根本原因にたどり着くことはありません。また、「根本」にこだわって掘り下げすぎると、「教えていなかった」「徹底していなかった」「長く放置していた」「制度・仕組みがなかった」「職場の風土がそれを許していた」「多くの人が妥協していた」など、管理の問題や組織的な要因（組織風土・体質）に行き着くことが多いと考えられます。組織的な要因にメスを入れることは、もちろん大切なことですが、「風土改革」オンリーで対策を組み立てることには疑問があります。「風土改革」と並行して、仕事の仕組みを改善することで、システマティックに対策をとっていくことも必要です。

◆根本原因分析は「根こそぎ分析」

Root Cause Analysisを「根本原因分析」と訳したことが誤解を招いているのかもしれませんが、根本原因分析は、根本にある一つの原因を掘りあてるものではなく、土のなかに隠れている根をきれいに掘り起こすものです。むしろ、「根こそぎ分析」と表現したほうがわかりやすいでしょう。

これは、ジャガイモをすべて掘り出す作業にも似ています。根の先に大小たくさんのジャガイモがぶら下がっています。注意して掘り出さないと、土のなかに残ってしまうことがあります。ジャガイモ一つひとつが事故を引き起こす要因なのです。事故の直近の要因（地面に近いジャガイモ）だけを掘り出しても、事故全体の構図を読み取ることはできません。

「事故の木」の根をすべて掘り出し、どのように伸びているのかを分析するのです。根の一本一本が要因ですが、細い根もあれば太く伸びている根もあります。太く長く伸びている根がより本質的な原因であると理解できます。

また、この根が張っている土壌が組織風土に該当します。本物の土壌とは逆に、土壌が悪いほど「事故の木」の根ははびこることになります。

◆どこまで掘り下げるのか？

背後要因分析を行う上でいつも悩むことは、「どこまで掘り下げたらよいのか」ということです。なぜなぜ分析であれば、なぜを何回繰り返したらよいかという悩みが生じます。なぜなぜ分析の場合、「なぜを四回または五回は繰り返せ」といわれますが、これは、一回や二回では不十分であるということであって、回数に決まりはありません。一方で、前述のとおり、回数を増やしすぎると、管理要因や組織要因ばかりになってしまいます。

背後要因分析の目的は、現実的で実効性のある再発防止対策を立てることにあります。掘り下げた結果、管理要因や組織要因に行き着いてしまうと、「現場作業のエラーは管理が悪いから起きた、組織風土が悪いから起きた」という結論になってしまい、現場の実務者には、「自分たちは悪くない」「根本的な対策は上層部がやるので、自分たちには何もできない」と理解され、現実的で実効性のある再発防止対策が出てこなくなってしまいます。

このため、背後要因分析では、管理要因や組織要因まで切り込むことも意識しつつ、それぞれの現場において実務者が実施できる具体的な対策を導き出すことを目指す必要があり、掘り下げる深さもそこまでで十分ということです。

なお、組織は上下・左右（前後）の階層や部署に分かれているので、一つの部署が単独でできる対策には限りがあります。たとえば、メンテナンスの現場で部品の交換時に部品の向きを間違えて組み込んでしまうエラーが起きた場合、その現場でできる対策は「作業要領書の見直し」しかないかもれません。このとき、「部品の向きを間違えても組み込みができるようになっていた」という要因を導き出しても、その現場では「向きを間違えると組み込みができないようにする」という対策を実行することはできないのです。このようなときは、「部品の向きを間違えても組み込みができるようになっていた」という要因についてさらに掘り下げて分析し、部品の発注部署あるいは製作部署へ部品の設計変更を依頼する必要があります。

◆「ヒヤリハット」や「グッド・ジョブ!」の背後要因分析

ヒヤリハットやグッド・ジョブは、事故を未然に防止できた良好事例なので、一件一件を大切に扱い、そこから見いだされる問題点を改善していくことは大変重要なことです。しかし、ヒヤリハットの報告にあたって、背後要因分析を行うことを求めると、忙しい現場の実務者はヒヤリハットの報告が面倒だと考えるようになってしまいます。また、ヒヤリハット報告に記述される内容には限りがあるので、数多く集まってくるヒヤリハットを安全担当部署で一つずつていねいに分析していくことは容易ではありません。このため、一件一件のヒヤリハットについては、事例の周知と即効性のある対策(たとえば「表示を見落とした」→「表示を大きくする」など)で手を打つという対応が現実的なこともあります。

しかし、このようなケースであっても、同種のヒヤリハットが繰り返される場合は、共通の要因が潜んでいる可能性が高いため、同種のヒヤリハットを集めて背後要因分析を行う必要があります。

◆背後要因分析に不可欠なインタビュー（真実を明らかにするために）

事故が起きると、当事者たちに自責の念が生じます。「あのとき、こうしておけばよかった」「そういえば、以前によく似たことがあったのに」「あのとき、何で気づかなかったのだろう」「言われてみれば…」などなど。事故に至る過程のなかで気がつかないこと、思い出せないことがあるのはヒューマンファクターズとして当たり前です。

しかし、当事者は「自分たちのミス＝恥ずかしいこと」と思ってしまいます。また、仕事はいろいろな階層（たとえば、発注者-受注者-下請負者、上司-部下-派遣社員など）で役割を分担しているので、上位階層に対する遠慮や気兼ねが生じることもあります。このような事情から、当事者たちが真実を打ち明けようとしないことがあります。

一方、事故によっては、仲間を守りたい、仲間に懲罰が及ぶことを避けたいという意識が働くことがあります。しかし、真実を明らかにしなければ、事故の構図は見えてきませんし、有効な再発防止もできず、その結果、いつかまた同じような事故が繰り返され、誰かが犠牲になってしまうのです。

真実を明らかにするためには、インタビュアーが当事者たちから上手に話を聞き出さなければなりません。

◆インタビュアーの心構え、注意点・ポイント

- 相手（事故の当事者）の気持ちを理解することから始まります。
- インタビューの目的（背後要因分析の目的）を説明し、納得してもらうことが大切です。隠したり嘘をついたりすることは、安全を妨げ、仲間を危険な目に合わせることにつながることを理解してもらいましょう。
- 犯人探しや処罰が目的ではないので、詰問調でインタビューを行ってはいけません。
- 座席の位置は、正面に座って向き合うのではなく、九〇度ずれて座るのがよいでしょう。
- 相手の話に積極的に耳を傾けましょう。インタビュアー側からの発言の時間が多くならないように注意しましょう。
- 相手の話にうなずいたり、相手の話を復唱することで、相手に同調していることを示しましょう。
- 「～ということですね」というように、話の内容を確認しましょう。

●なぜ、そう考えたのか？ なぜ、そう思ったのか？ なぜ、そう感じたのか？ なぜ気がつかなかったと思うか？ を聞きましょう。

背後要因分析の手順を理解し、実際に試してみることは、それほど難しいことではありません。試しに、自分が経験したエラーを自分で分析してみてください。

ところが、自分が所属する組織で実際に発生した事故について分析しようとすると、さまざまな障壁に邪魔をされ、期待どおりに分析できないことがよくあります。たとえば、当事者の上司がブロックして当事者をインタビューに出席させない（黙っているように指示する）、周囲が当事者を悪者扱いする、関係部署間で対立が起き、相手に責任があると主張し始めるなどなど。このようなことが起きるのは、その組織では「責任追及」の風土が払拭できておらず、安全文化がまだ根づいていないからだと考えられます。

背後要因分析の手法そのものはそれほど難しくなくても、実際に行うのは安全文化づくりにも取り組むということであり、地道な努力を必要とします。

【解説】 安全文化って何だろう？

「安全文化を高めよう！」「安全文化を醸成しよう！」という標語をよく見かけます。

「安全文化」は社会にすっかり定着した言葉になっています。しかし、「安全文化って何ですか？」と聞かれて、みなさんはすぐに答えられますか？

「安全文化」（セイフティ・カルチャー）という言葉が最初に使われたのは、一九八六年に起きたチェルノブイリ原子力発電所事故の調査報告書だとされています。この事故の調査にあたった国際原子力機関（ＩＡＥＡ）の国際原子力安全諮問グループ（ＩＮＳＡＧ）は、事故原因を分析していくなかで、現場の作業者も、原子力発電所の運転を行っている事業者も、さらに国も、原子力の安全に対する考え方や意識そのものに問題があり、これが事故の根本的な原因ではないかと考えました。それは「文化」と呼べるほどの深さと広さをもって、個人や組織あるいは社会の意識や行動を左右しているのではないかと考えたのです。一九九一年に出されたＩＮＳＡＧの報告書では、安全文化について『すべてに優先して原子力施設の安全の問題が取り扱われ、その重要性にふさわしい注意が確実に払われるようになっている組織、個人の備えるべき特性および態度が組み合わさったもの』と定義しています。

ちょっとわかりづらい定義ですね。もっと簡単に表現することはできないでしょうか？「すべてに優先して安全の問題が取り扱われる」とはまさしく「安全第一」です。「その重要性にふさわしい注意が確実に払われるようになっている」とは「確実に実践されている」と言い換えてもよさそうです。そうすると、安全文化とは、『安全第一が確実に実践されている組織および個人のありよう』と表現することができます。すなわち、安全第一が掛け声に終わることなく、組織も個人もつねにそれを認識し、実践されている状態です。しかも、実践することに障害がなく、ジレンマを感じることなく、自然にできる状態になっていなければ定着しているとはいえません。

読者への問いかけ

安全文化を醸成するために、現場の私たちが果たすべき役割とはどのようなものでしょうか?

4 それでも事故が起きたら

安全マネジメントの充実とともに、事故や災害の発生頻度は着実に減少していくはずです。しかし、そこで気をつけなければならないのは、事故や災害の減少に伴って、組織やメンバーのリスク感受性が鈍くなっていくことです。「十分な対策をしているから大きな事故は起きない」「事故のことを考える時間があったら、生産性のことを考えよう」といった発想になりがちです。

このような状態が長く続くことによって、組織の危機対応能力は着実に低下します。そして、いつか大きな事故が起き、組織は呆気なく崩壊してしまうのです。

第3章の「生産性と安全性の関係」の図（130ページ）で示したとおり、組織は安全性と生産性を高めながら規模を拡大していきます。規模が大きくなればなるほど、ひとたび事故が起きたときの影響度合いも大きくなっていきます。このため、安全マネジメントでは、危機対応能力も組織の安全性の一部であると理解し、安全レベルの向上に比例させて危機対応能力も高めなければなりません。

◆危機管理 ―備えあれば憂いなし―

事故が起きたとき（危機的状態のとき）その被害をできるだけ小さくし、なるべく早く復旧するための管理を危機管理といいます。英語のクライシス・マネジメントがこれにあたるので、管理はマネジメントであると理解してください。

どこの企業でも地震や台風に備えたマニュアル類を用意し、防災資機材を備え、訓練を行っていると思いますが、これらは危機管理のひとつです。

ここで「ひとつ」と強調したのは、「危機管理」というと自然災害への備えばかりが注目され、現場の実務者にとってもっと身近な危機管理がおろそかになっているケースがあるからです。具体的には、現場の実務者にとって労働災害は重大な関心事ですが、「未然防止」に関心が集まり、「起きたときのこと」を想定した訓練がおざなりになっていることがあります。たとえば、安全帯は高所から転落した際に身を守ってくれる安全装備ですが、腰の位置に正しくつけていないと、転落の衝撃で腹部の内臓を痛めてしまいます。また、正しく装着していても、転落後は時間の経過とともに腹部へずれていき、内臓を圧迫することがあるので、早急に救出しなければなりません。ところが、安全帯の装着を厳しく指導していても、転落した際の救出訓練をしている現場は少ないのではないでしょうか？　同様に、機械に巻き込まれたときの救出、大量出血時の止血など、救急隊が到着するまでに行うべきことを訓練するのは実務者にとって重要なことです。

◆悲観的に準備し、楽観的に対応せよ

心理学の用語に「正常性バイアス」があります。これは、自然災害や事故に直面した際、「自分は大丈夫」「大したことにならない」「訓練だろう」「誤報だろう」と考え、安心しようとする、人間が陥りやすい心の傾向を示しています。人間のこのような特性が逃げ遅れの原因にもなっています。

この傾向は、危機管理について考える際にも生じます。「大きな事故は起きないだろう」「現実離れした想定だといわれそうだ」と高をくくり、「過去に起きたことがない」「そこまで考えた人はこれまでにいない」と自分の考えを正当化しようとします。その結果、実際に事故が起きると、パニックになって、その場に立ち尽くすことしかできなくなってしまいます。

危機管理の基本姿勢を示した、「悲観的に準備し、楽観的に対応せよ」という名言があります。「悪いことが起きるかもしれない」をさらに進め、「悪いことが起きるはずだ」という発想で入念な準備をしておくこと。そして、そのとおりに対応すれば何とかなると信じ、いざというときはのびのびと行動することが大切だということです。

◆リスクマネジメントとBCP（事業継続計画）の違い

阪神淡路大震災や新型インフルエンザの流行を契機として、BCP（事業継続計画）への関心が急速に高まりました。東日本大震災では、BCPを適切に機能させ、事業の継続や早期の復旧に成功した事例がありました。

BCPは、大規模災害などを想定して対応方法をあらかじめ明確化し、確実に機能させるための訓練を積み重ねるという点では、リスクマネジメントに包含されると理解できますが、BCPを作成する上でリスクマネジメントの一般的な発想と異なる点があるので、注意を必要とします。

リスクマネジメントでは通常、リスクを想定し、リスクの大きいものから優先的にリスク対策を行います。このため、たとえば「事務所が倒壊して使えなくなる」というリスクの場合、事務所が耐震構造になっているとそのリスクは小さくなってしまい、リスク対策の優先度が下がってしまいます。その結果、地震で倒壊はしなかったが隣接する建物が倒壊しそうでなかへ入れない、建物が延焼によって消失した、計算機のサーバーが故障して仕事ができないといった理由で、事務所が使えないという事態に見舞われてしまう可能性があります。

一方、ＢＣＰでは、事務所が倒壊するリスクの大きさによらず、「事務所が使えなくなる」という事態を想定します。事務所が使えないということは、備えがなければ、ＩＴ化された情報や機器、通信ネットワークがすべて使えなくなるということです。現代社会において、これは極めて深刻な事態です。

◆心のケアを忘れないで

危機管理において大切なことの一つに、事故の被害者や関係者、救急隊員などに対する心のケアがあります。事故に遭ったときの恐怖の記憶、あるいは事故を起こしてしまった後悔の念が、自らの心を傷つけ、その人の再起を妨げてしまうことがあるので、心のケアを適切に行うことによって、このような二次災害を防ぐことが重要です。

人は誰でもさまざまな出来事に遭遇し、心にダメージを受けます。とくに、事故や犯罪、災害、戦争など、生命に危険が及ぶほどの体験をしたり、そうした場面に直面したりすると、なおさら心に深い傷を受けます。このような強いショックやストレスを受けたとき、その経験が抑圧され、コンプレックスとなり、その影響がいつまでも続くことがあります。これを心的外傷（トラウマ）といいます。このよう心の傷を受けた直後から、不安を感じたり、意識がもうろうとしたり、感情が麻痺するなどの精神障害を起こすものを「急性ストレス障害」（ＡＳＤ）といいます。これは通常、一か月程度で治まりますが、その後も症状が続く場合を「ＰＴＳＤ」（Post Traumatic Stress Disorder：心的外傷後ストレス障害）といいます。

以下のような症状がＰＴＳＤといわれるものです。

①侵入的反復的想起

トラウマを受けた状況を繰り返し思い出す。その夢を見る。

その状況に関連のある場所や人を避けるようになる。

②感情麻痺

感情が麻痺して周囲に対して反応しなくなる。興味を持っていたことへの関心を失う。

③覚醒亢進状態

悪夢で眠れなくなる。周囲の出来事に過剰に反応する。怒りやすくなる。

普通の記憶は、時とともに薄れ、またその内容も変わっていきます。しかし、ＰＴＳＤの原因となった過去の体験の記憶は、時間とは関係がなく、いつもそれを体験したときの鮮明さと強さで、意識とは別に、想起（フラッシュバック）されます。

心のダメージを受けても、それがすべてトラウマになるわけではありません。そのときに経験する感情の強さと、そのときの自分にとっての重要度で、トラウマになるかならないかが決まるのではないかと考えられます。

ＰＴＳＤの症状は、一種の「とらわれ」であると考えれば、注意がすべてそのトラウマに向けられてしまい、他のことができなくなってしまうことで重症化します。ゆえに、とらわれている注意をトラウマから別のものに向けるようにする心理療法があります。しかし、傷ついた心を癒すことが発症を防ぐ上で最も大事なことですから、周囲の人たちがその個人を孤立させないようにすることがまず大切です。阪神淡路大震災、東日本大震災などでも経験したように、人々がともに喜怒哀楽を感じることが最も癒されることです。

また、心の傷を癒す上で必要なことは、Talk・Tear・Time の三つのＴだといわれています。「話すこと」「涙を流すこと」そして「時間」です。つらい出来事を心のなかに抱え込ませてしまうことを防がなければなりません。

第5章

しなやかで柔軟な現場力

近年、台風、竜巻、豪雨、地震などによる災害の増加、あるいは新型インフルエンザの流行など、自分たちではコントロールできない問題が私たちを悩ませています。またクラウドコンピューティングをはじめとする新しいＩＴ技術の利用が進む一方で、プラントやインフラ設備の老朽化が懸念されるなど、技術的な問題も新たな局面を迎えています。

このような新たな問題に対して、対策が後手にまわる結果、事故やその一歩手前のトラブルが起きてしまうリスクは大きくなりつつあります。このため「エラー・トレラント・アプローチ」の考え方と同様に、事故が起きることを想定し、事故が起きても最悪の事態には至らせない仕組みや能力を、組織として強化することの重要性が高まっています。このような取り組みは、リスクマネジメントやＢＣＰ（事業継続計画）に包含されるものといえますが、ここでは、やや違った視点で考えてみることにします。

それは、病原体に対する人間の抵抗力や免疫力にたとえることができるかもしれません。「運動能力は高いのに、風邪で熱を出して休むことが多い」という人がいますが、反対に「運動は苦手そうでも、病気にかからない、病気になっても早く回復する」人がいます。後者は免疫力が高い人ですが、同様に、組織についても免疫力の高低があり、免疫力が高い組織は病気（トラブル）を上手に遠ざけ、病気（トラブル）になっても回復力があるので速やかに元の状態へ復帰します。このようなトラブルを遠ざける能力、トラブルからの回復力は、「しなやか」という言葉で表現できます。「しなやか」とは、「柔軟で弾力がある」ということであり、圧迫をはね返す力、状況に応じて自在に変化できる力があること意味しています。

現代のような不安定な環境においては、従来の「再発防止」（墓石安全）や、「未然防止」「予防安全」さらには「本質安全化」という流れの延長線上ではなく、トラブルに巻き込まれても自己回復できる「しなやかな組織」を目指した取り組みが必要だと考えられています。

◆高信頼性組織

図5-1は、安全レベルの低い組織と高い組織の違いを、事故やトラブルへの対応状況の違いで表現したものです。

安全レベルが低い組織は、事故に対して何ら有効な手が打てず、事業活動が全面的にストップしてしまい、その後の復旧も見込めないまま事業からの撤退を余儀なくされてしまいます。また、トラブ

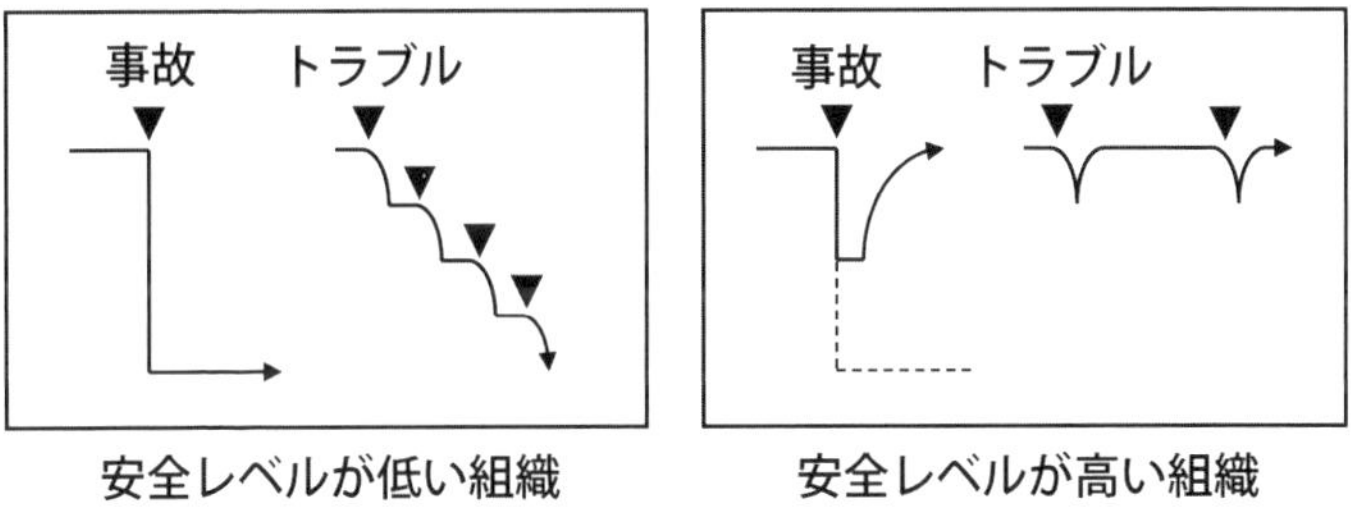

図 5-1　安全レベルが高い組織と低い組織

ルが起きるとその処置に手間取り、有効な対策が取れないまま事業を継続する結果、つぎのトラブルを引き起こしてしまい、結果的に事業活動をさらに悪化させてしまいます。

これに対し、安全レベルが高い組織は、事故が起きても迅速に的確な対処をし、被害を最小限に止めて、いち早く事業活動を元のレベルへ復旧させます。事故の教訓を活かし、事業活動のレベルや信頼性を事故発生前よりも高めることもできるでしょう。このような安全レベルが高い組織を、高信頼性組織（ＨＲＯ：High Reliability Organization）といいますが、高信頼性組織では、エラーが起きても事故へ至らないようにする対策をシステマティックに実施しており、さまざまな工夫、仕組みを取り入れています。

高信頼性組織に関する研究は、一九八〇年代後半から安全文化の研究と並行して進められてきました。ジェームズ・リーズンは、安全文化を構成する要素として、「報告する文化」（自らのエラーを報告し、安全に役立てようとする組織の雰囲気）、「正義の文化」（エラーは責めないが、言語道断な行為には厳しく対処する）、「柔軟な文化」（危機に直面したとき、平常時の階層型組織から緊急時用の組織（たとえば専門知識を有する者が取り仕切る）へ形を変え、緊急事態が過ぎれば元へ戻る）、「学習する文化」（事故やトラブルなどの情報を活用し、安全を高めていく）の四つをあげていますが、高信頼性組織に関する研究の先駆的立場にあるバークレーの研究グループは、柔軟な文化は高信頼性組織が持つべき必須条件であるとしています。

さて、高信頼性組織を定義した例として「惨事となりかねない事態にしばしば直面しながらも、その事態を初期段階で感知し未然に危難を防ぐ仕組みを体系的に備えた組織」というものがあります。事故などの危機的な状況に至る可能性がある事象の予兆を見逃すことなく、迅速に対応することが極めて重要であると考えられます。

このような研究の流れのなかで、近年、レジリエンスエンジニアリングという概念がエリック・ホルナゲル博士（元パリ国立高等鉱業学校　産業安全主任教授）たちによって提唱されています。

◆レジリエンスエンジニアリング論

レジリエンス（resilience）は復元力、弾力性、強靭性と訳される単語で、脆弱性（vulnerability）が対極の単語になります。

ホルナゲル博士たちは「安全の定義を変えるべきだ」と提唱しています。その意味は、従来の安全はできる限りエラーや故障を減らすこと（すなわち事故などのマイナス事態を減らすこと）を目的としてきたのに対し、これからはプラス面、すなわちうまく対処できたことにも注目すべきであり、安全を「条件が変わっても成功を実現する能力である」と再定義するべきだということです。

この発想の背景には、システムやプロセス（製造工程や業務工程など）の複雑化に伴い、つねに不確実性が伴うようになっており、つぎのような問題が生じているという認識があります。

①ルールですべてを規定することができないか、ルールどおりには処理できないことがある

②マイナス事態の原因がエラーだと断定できないことがある

③このような理由のため、マイナス事態の原因を特定して解消するだけでは安全マネジメントが実現できない

そこでホルナゲル博士たちは、個人や組織、あるいはシステムは、つぎの四つの能力を持つべきだと主張しています。

①何かが起きたときに対処できること（現実への対処力）

②状況を監視（モニター）し、何が重要であるか理解できること（監視力）

これから何が起きるのか、この直後、この先の短い時間に何が重要になるかを判断できること

③予測できること（予測力）

現在の状況に加え、二年先、一〇年先の将来を予測し、変化に備えること

④学習できること（学習能力）

過去の出来事、マイナス事態だけではなく、良い結果や成功から学ぶこと

以上の四つの機能が、レジリエンスを構成する四つの要素であり、これらの能力を高めること、すなわち対処力を高め、監視力を高め、予測力を高め、学習能力を高めて発揮し、危難を回避する、この行動様式がレジリエンスエンジニアリングであるということです。

それでは、レジリエンスエンジニアリングの成果が発揮される場面を、事故発生時の動きで表現してみましょう。

図5-2は、縦軸に組織の事業活動レベルあるいは信頼性を、横軸は時間の経過を示しています。事故が起きると、組織の事業活動のレベルと信頼性は著しく低下します。信頼性の低い組織は、このとき何ら有効な手が打てず自滅してしまうことはすでに述べたとおりです。これに対し、レジリエンスに優れた高信頼性組織は、大きく四つの場面でその能力を発揮し、組織を危機から救います。

まず、最初の場面（RE①）は、事故が起きる直前です。いままさに事故が起きようとしている状況で、何らかの予兆（個人の小さなエラー、機械の異常など）を見逃さず、すぐさまレジリエンスの四つの能力（反応、モニタリング、予測、学習）を発揮し、事故への進展を防ぐのです。能力

の高い組織は、「事故にならずによかった」と安堵するのではなく、この経験を生かして信頼性を一層高めることでしょう。

つぎは事故発生直後の場面（RE②）と復旧の段階へ進む場面（RE③）です。事故への進展を食い止めることができなかった場合でも、被害を最小限に止め、事業を必要最小限まで縮小して組織のリソースを再配分し、事業活動や組織の破綻を防止します。しかし、この状況が長く続くと損失は積み重なり、組織の体力も徐々に低下してしまうので、なるべく早く復旧の段階へ進めなければなりません。この二つの場面では、「柔軟な文化」（組織の柔

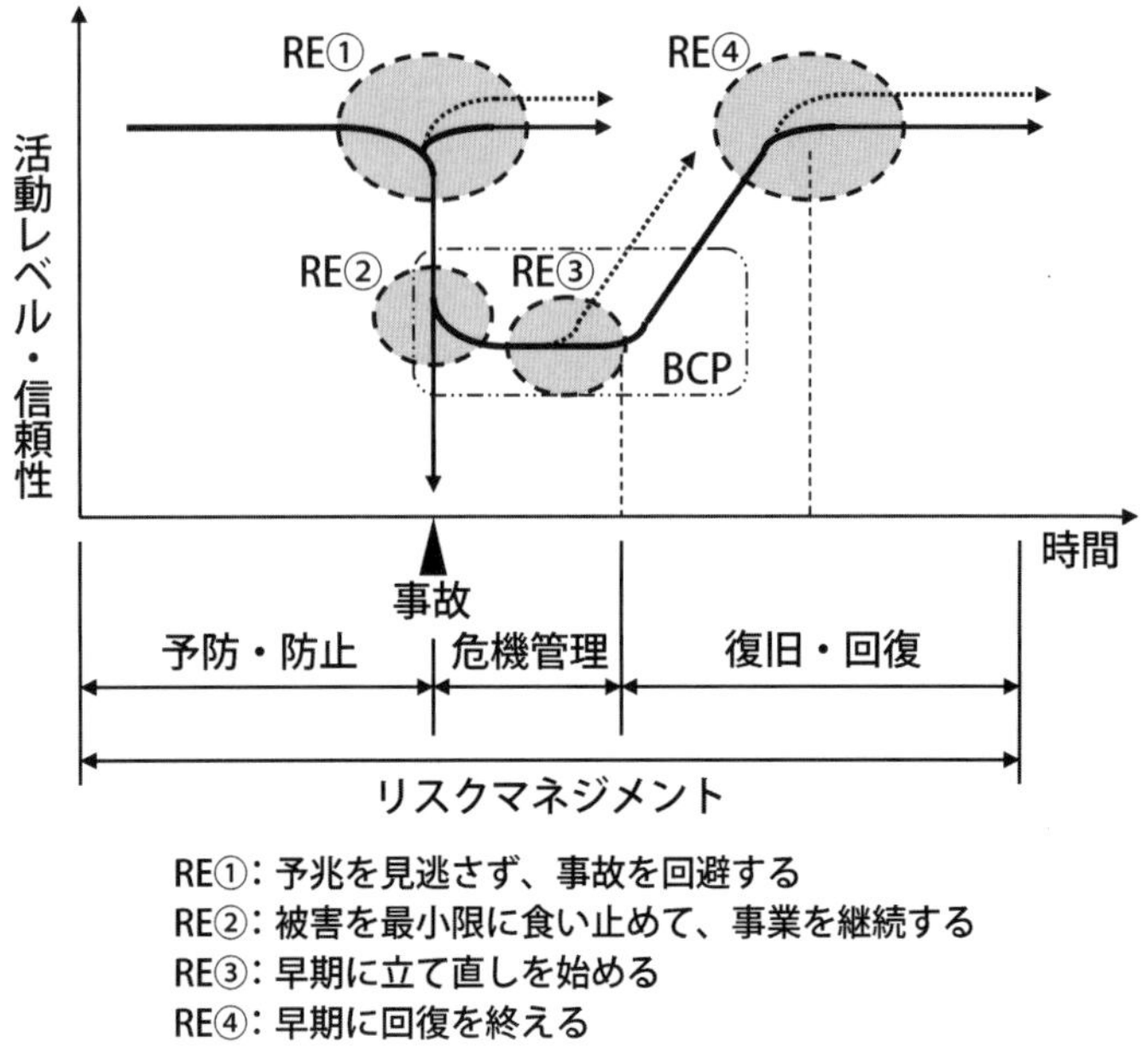
活動レベル・信頼性
RE①
RE④
RE②
RE③
BCP
時間
事故
予防・防止
危機管理
復旧・回復
リスクマネジメント
RE①：予兆を見逃さず、事故を回避する
RE②：被害を最小限に食い止めて、事業を継続する
RE③：早期に立て直しを始める
RE④：早期に回復を終える

図 5-2　レジリエンスが発揮される 4 つの場面

軟性）が発揮され、平時の指揮命令系統から緊急時の指揮命令系統への移行が行われることもあるでしょう。ちなみに、事故などの緊急事態において事業活動の破綻を防ぎ、必要最低限の事業を継続しながら立て直しを図るために用意する仕組みが、事業継続計画（ＢＣＰ）です。

四つ目は事故からの復旧を終える場面（ＲＥ④）です。ＢＣＰを活用しながら、あるいは臨機応変な処置により復旧作業を進めていくのですが、レジリエンスに優れた組織は、ここで予測力と学習能力を発揮し、先の三つの場面における失敗と成功から学び、将来の変化を予測してそれに備え、より信頼性の高い、強靭な組織へと進化していくのです。

では、レジリエンス能力を高め、発揮するためには、どうしたらよいのでしょうか？

この点についてホルナゲル博士たちは、「効率」と「完璧さ」のトレードオフの関係に注目して、個人ではなく組織として対応することが必要だと言っています。

私たちの仕事は、必ずといってよいほど「効率」と「完璧さ」の双方を求められます。ものづくりであれば、なるべく短い時間で品質の良いものをつくらなければなりません。鉄道の運転士は、信号の確認に時間をかけすぎると、運行の遅延を招いてしまいます、外科医の場合、慎重さやていねいさを優先しすぎると、手術は成功しても患者は亡くなってしまうことになります。あらゆる仕事で同じことがいえます。プロの仕事は、正確さも必要だが一方で時間の制約を受けていて、余計な時間をかけることは許されないということです。

しかし、私たちは往々にして「効率」と「完璧さ」のバランスを崩してしまい、どちらかを優先するあまり他方の最低限度を切ってしまうのです。その結果、「完璧さ」が不足して不合格品を出したり、事故を起こしたりするのです。

個人には対処、監視、予測、学習というレジリエンスの四機能を並列して発揮することはできないのです。そこで、組織やチームに着目し、組織やチームのなかで役割を分担し、機能させることが重要になります。

ここで必要となるのが、コミュニケーションです。それは、対処、監視、予測、学習という四つの機能は互いに関連しているからです。監視の結果に基づいて対処を変え、予測も変化します。学習結果によって注目するポイントも変化します。このため、組織やチームのなかで役割を分担する場合は、良好なコミュニケーションによって情報を正しく共有し、四つの機能を分散させることなく、うまく結合させ、発揮させることが必要になります。

すでにおわかりの方も多いでしょう。この考え方は、前著『命を支える現場力』で紹介したCRMと共通しています。CRMスキルを高めることが、レジリエンス能力を高めることにつながり、CRMスキルを高め、発揮させる工学的な取り組みが、レジリエンスエンジニアリングに通じるということです。

さて、レジリエンス能力を高める上で、もう一つ大切なことがあります。ホルナゲル博士たちが「マイナス面だけではなく、プラス面にも注目すべきである」と言っているとおり、安全マネジメントを成功に導くためには、正常状態や正常なパフォーマンスに目を向ける必要があります。

前述のとおり、システムやプロセスの複雑化に伴い、つねに不確実性が伴うようになっている状況でオペレーションが正常に機能しているのは、ただマニュアルどおり、ルールどおりに仕事が進められているからではありません。誰かが状況を見極め、状況に応じて調整し、適合させているからです。日頃行われているこのような正しい状況判断と、これに基づく調整、適合の状況をピックアップし、分析することで、隠れているレジリエンス能力を見える化し、その共有と強化を図ることが必要なのです。

プロの実務者は、正しい状況判断、臨機応変な対応、調整、適合は当たり前のことで、特別なことではないと考えているでしょう。とくに高信頼性組織においては当たり前と考えることが多いと考えられます。当たり前と受け止めることで、「うまく行っていること」が見えなくなってしまうのです。この見えない「当たり前」をエンジニアリングすることもレジリエンスエンジニアリングなのです。

事例　「ふくにのきせき」

二〇一一年三月一一日、日本における観測史上最大の地震（M9.0）が発生し、波高一〇m以上、最大遡上高約四〇mの津波が東北地方を中心に広い範囲へ襲来し、未曾有の災害をもたらしました。この地震と津波により、福島第一原子力発電所がすべての交流電源を失い、原子炉の冷却ができなくなった結果、一、二、三号機で原子炉が損傷、一、三、四号機の原子炉建屋が水蒸気爆発で損壊し、大量の放射性物質が放出されました。その後、発電所員たちの懸命な注水作業により、事態は収束に向かいましたが、同発電所が立地する福島県の浜通りを中心に、多くの住民が故郷を離れなければならなくなり、いまだに多くの方々が不自由な生活を強いられています。

福島第一原子力発電所には、一～六号機まであり、地震発生時は一～三号機が運転中、四～六号機が定期点検中でした。五、六号機は一～四号機からやや離れたところに設置されており、六号機のディーゼル発電機の一つが運転を継続できたことから、六号機から五号機へ電気を供給することにより、五、六号機は冷温停止に導くことができました。

さて、福島第一原子力発電所の南約一一キロの地点には、福島第二原子力発電所（一～四号機）があります。第一の事故が甚大だったため、第二についてては社会の関心がほとんど向けられませんでしたが、あの日、第二も危機的な状況に陥っていました。

当日、第二の一～四号機はすべて運転中でした。そこへ約九mもの津波が襲来し、海側の浸水は深さ約五mにもなりました。この結果、海側に設置されていた海水取り入れ設備はそのほとんどが水没してしまったのです。

第二が外部から受電する送電線は四系統ありましたが、三系統がダウンし、一系統のみ受電を継続できました。この結果、中央制御室の電源は確保され、プラントの状態を監視することができました。この点が第一との大きな違いではありましたが、外部から受電できても、原子炉冷却設備が津波の被害で使えなければ、いずれ原子炉は損傷してしまいます。幸い、三号機の海水熱交換器建屋の一つ（B側）が奇跡的に助かりましたが、この一系統だけで一～四号機の原子炉を冷却することはできません。第一と同様、原子炉が損傷するまでに残された時間はそう長くはありませんでした。

第二はなぜ最悪の事態を免れることができたのでしょうか？

あの日、第二の所員たちは危機的な状況にどのようにして立ち向かったのでしょうか？

当日の深夜、第二の増田所長（当時）は、津波による被害を確認するため浸水被害を受けた現場へ所員を向かわせました。大津波警報は継続中で、余震も続いていました。がれきが散乱する暗闇のなかでの現場確認は恐怖との戦いでもありました。

この決死の行動により、原子炉の冷却機能を回復するために優先しなければならないことは何で、どのような器材を調達しなければならないかを翌朝までに把握することができました。必要な器材は電動機（モーター）、電力ケーブル、変圧器などでしたが、東芝の工場などからヘリで空輸され、一三日の早朝には第二へ到着しました。しかし、到着した器材を使える状態までもっていくのは並大抵のことではありません。

原子炉の冷却に必要な機器は海側にあり、陸側の電源からは距離がありました。もちろん、行く手をがれきに阻まれている箇所もあります。所員など約二〇〇人が重たい電力ケーブルを数m間隔で担ぎ、一日かけて敷設しました。その長さは、総延長九㎞にも及びました。

しかし、所員の力だけでは電動機を設置しポンプと結合したり、電力ケーブルを電動機へ接続することはできません。この窮地を救ってくれたのが、電源車で駆けつけた配電部門の社員や、所内に残っていた工事会社の人たちでした。彼らは電動機とポンプの軸をまっすぐにピタリと合わせて設置し、電力ケーブルを接続しました。

このような必死の復旧活動の結果、一四日には原子炉を冷却する機能が回復し、一五日朝、全号機の冷温停止に成功しました。「あと二時間でベントしなければならない」というギリギリのところで最悪の事態を脱することができたのです。

このほかにも第二の現場ではさまざまな困難が待ち受けていましたが、増田所長のリーダーシップのもと、所員ら一人ひとりが持てる能力を発揮し、事態を乗り切っていきました。物資輸送のトラックは発電所までは来てくれません。発電所から離れた役場を合流地点とし、そこで物資を積み替えるか、トラックの運転を交替して発電所まで運びました。電源車のガソリンも自分たちで運び、補給しました。壊れたコピー機は、所員がいわき市まで出向いて修理方法を学び、自分たちで直しました。

所員のおよそ一割が女性でしたが、彼女たちも一週間発電所に留まり、現場を支えました。

第二では、以上のような危機管理の成功事例を貴重な教訓として今後に役立てるため、約三六〇件の「教訓シート」を作成し、「ふくにのきせき」として編集しました。

増田所長は、「パンクしない車よりも、スペアタイヤと交換できる技術を持つべきだ」と言っています。原子力発電所や火力発電所、あるいは化学工場のようなプラントも、航空機や船舶も、鉄道やその輸送管理システムも、複雑で巨大なため、故障から逃れることはできません。また、自然災害による被害も同様です。絶対に壊れない設備、自然の猛威にもビクともしないシステムをつくることは不可能でしょう。だからこそ、壊れても修理できるパーツや器材を備え、技術を維持すること、事故においてはそれらを適切に活用し、最悪の事態に至る前に復旧することが大切だと言えます。

（ヒューマンファクター有識者による福島第一・第二視察結果より）

コーヒーブレーク　ヒューマンファクターズとの出合いと失敗から学ぶことの大切さ

数年前、ひととおりの訓練を終えて現場に配属されたばかりの私は、いま思えば「ミスのないパーフェクトな一日をすごしたい」、「(ドラマのように)格好よく仕事をしたい」と考えていたような気がします。でも、現実は違いました。ちょっとした油断、誰かがやってくれただろうという思い込みなどが重なり、ミスを繰り返してしまい、試行錯誤(七転八倒?)の毎日が続きました。

「何とかミスをなくしたい」これがヒューマンファクターズ(HF)と出合うきっかけとなりました。

その頃、次のような(ちょっと厳しい)言葉に出合いました。「走りながら考えよ」「If it can happen, it will happen. 起こる可能性のあることは、いつか実際に起こる(マーフィの法則)」「落とし穴を掘る。落とし穴に落ちる」「暗闇からパンチ」。一方で、こんな言葉に救われたこともありました。「一日一つ、何かを学んで帰ればよい」「現場の仕事はその時間で完結する」「仕事は楽しくやらなくちゃ」。

こんな言葉の数々が頭のなかをグルグル駆け回る状況でHFをかじってみたのですが、「危機対応能力の向上」などと銘打ったHFの訓練があっても、参加者はみんな何だかありがたくなさそうで、HFって一体何だろう? と思うようになりました。

いまあらためてそんな日々を振り返ってみると、ＨＦの訓練は、メンバー個々の人間力やチームの総合力を高めようとしていたのでは？　と思います。では、人間力とかチームの総合力って、そもそも勉強や訓練で身につけるものなのでしょうか？　昔の人は、ＣＲＭやＨＦなんて習わなくても、危険と戦いながらさまざまな仕事を成し遂げてきたはずです。

個々の人は、知らず知らずのうちにミスを防ぎ、リスクを回避する行動をし（状況認識力）、リーダーはチームの意識を一つの方向に向けさせ（チーム・ビルディング力）、チームのなかのメンバーは、お互い「危ないよ」と声掛け合って危険情報を共有したり、みんなで知恵を出し合って考えるうちに自然とより良い共通の認識ができてきて（コミュニケーション力）、組織としての方向性が決まる（意思決定力）、このような力を、意識せず自然に発揮してきたのではないでしょうか？

このように考えると、実は、私たちの周りのデキル人たちは、ＨＦのスキルが自然と身についていたような気がします。では、そのデキル人たちはどのようにして身につけてきたのでしょうか？　大ベテランといわれる人たちに聞いてみました。すると、成長の過程で大きな挫折やトラブルを経験してきた人が多いことに気がつきました。

失敗からは深く大きく学ぶことができ、失敗には成長のチャンスが秘められているのだと思います。しかし、失敗を繰り返しても成長できない人もいます。前者と後者の違いはどこから生じるのでしょうか？　ＨＦについて学び、それを活かして、失敗から自分の弱点を知り、陥りやすいミスの傾向を知る、このような努力が違いを生むのかもしれません。

事故から学ぶ「他山の石」は英知となってたくさんの事故を防いできたに違いありません。しかし、「あの事故は人災だ」「ちょっと考えれば事故になることはわかったはずだ」「怠慢だったからこんな事故が起きて尊い命が失われた」というような叱責の声をよく耳にする一方で、「〇〇をしておいたことが良かった」「〇〇のお陰で人が怪我をしないで済んだ」「〇〇のお陰で平穏な日常生活ができる」というようなことが大きく報道されることはありません。現場の人たちは、日々、日常を守ることに一生懸命であり、やりがいを感じています。日常を守る努力は評価されず、失敗ばかりが注目されることで、失敗から学ぶことが難しくなってきているように思えます。HFの勉強や訓練が必要とされるようになった背景には、このような事情があるのかもしれません。

最近、自分の周りの「いい仕事」に宝の山が眠っているのではないかと思うようになりました。「あの人（企業・組織）はこんなやり方で未然に事故を防いでいる」というような例をたくさん集められたらいいと思います。その背景には、多くの痛い経験に裏打ちされたHFの知識と、そこから学ぶ努力が隠されているのですから。

宮本麗子（航空）

おわりに

私たちが第一作目の『命を支える現場力　―安全・安心のために実務者ができること―』を世に送り出してから早くも三年以上が過ぎました。思い返すと、前著を発刊した二〇一一年は東日本大震災によって私たちのまわりにあった「安心」や「安全」があまりに脆いということを痛感した年でありました。

当時、津波や原発事故などに関して「想定外」という言葉が多く聞かれました。しかし、本当に想定外だったのでしょうか？　確かに自然災害は私たちの想像を上回ることが多々あります。過去の経験から万全の備えをしていたにもかかわらず、それをも打ち破るほどの大津波で人的にも物的にも壊滅的な被害を受けた地域は数知れません。避難が遅れてしまった結果、ほとんどの生徒が犠牲になってしまった小学校がありました。一方で、その地域の生徒に一人の犠牲者も出さなかったという例もあります。また、原発事故に関しても福島第一原発は極めて深刻な状況に陥りましたが、震源地にいちばん近かった女川原発はとくに大きな問題もなく安全停止しました。

これらの差はどこから生じたのでしょうか？　突き詰めていけば、人間の判断が結果を分けたということになるのではないでしょうか。初めて経験するような「想定外」と呼ばれる事態にマニュアルはありません。しかし、過去の経験や知識を総動員し、これから先どうなるのかを予測していくことで、それまで「想定外」であった事態を想定のなかに入れて対処していくことは可能なのではないかと思います。鉄道の例で言えば、東日本大震災発生時に駅間に停車してしまったものの、マニュアルに書いてある（指定された避難場所へお客様を誘導する）ことだけを守るのではなく、より安全に対処することを考え、周囲よりも高台であるその場に留まった結果、津波の被害に遭わずに済んだ列車がありました。

こうしたことは、ともすれば「運」や「不運」で片づけてしまったり、偶然や奇跡という言葉で語られたりすることが多いのですが、その場面に遭遇したそれぞれの人がまわりの状況を考え、どうするかという判断を下した結果が成否を分けたということです。そして、そのように判断したからには必ず何かしらの理由があったはずです。もしも冷静さを失いパニックになってしまったならば正しい判断はできなかったかもしれません。あるいはこれから起きるかもしれないことを過小評価してしまえば、悪い結果を招いていたかもしれません。「運」や「不運」で片づけてしまうのではなく、良い結果も悪い結果も私たちは謙虚に受け止め、なぜそういう判断をしたのかを振り返り、次へ活かしていくことが大切であると思います。

私たちの身のまわりにはありとあらゆる危険が存在し、それを管理（マネジメント）することで一定の安全が保たれていることは、事故防止に携わる方でなくともご理解いただけるのではないかと思います。前著ではコミュニケーションを中心的な課題に据えて、読者のみなさまとともに事故防止を考えていきましたが、今回はもう少し踏み込んだ形で「安全マネジメント」という内容を具体的に取り上げました。みなさまのまわりの安全や事故防止につながる何かしらのヒントが見つかったのであれば幸いです。

人間であるからこそ危険を予知することができる。過去の経験に学ぶこともできる。そして、考えて行動することもできる。今日よりも明日、明日よりも明後日が、より安全に、より安心でいられるよう、私たちは未来へ向けて知恵と工夫を発揮していかなければならないと考えています。

最後になりましたが、ここまでお読みくださったみなさまに心より感謝申し上げます。

ありがとうございました。そして、ご安全に！

安全研究会　代表管理人　西村　司（ＪＲ東日本）

編集後記

東日本大震災から一年を迎えようとしていた平成二四年二月、私は環境NPOのメンバーとして、一二人の仲間とともに、東松島、石巻の被災地に入りました。被災地では基礎だけが残された住宅地が広がり、いくつものがれきの山が築かれていて、復興の途についていない状況が広がっていました。被災状況は報道で毎日のように見ていましたが、直接自分の目で見る光景、肌で感じる空気は、画面を通したものとはまったく違っていました。

「みどりで被災地の子どもたちに笑顔を呼び戻そう」これが私たちのボランティア活動のテーマでした。東松島市の野蒜《のびる》地区。ここに私たちが訪ねた「のびる幼稚園」がありました。JR仙石線野蒜駅の海側、海岸からすぐのところに建つ、広い園庭を有する二階建ての幼稚園でしたが、一階部分がすべて水没するほどの大津波によって甚大な被害を受けてしまいました。園児たちを自宅へ送り届けるためのマイクロバスを走らせているそのときに大地震が発生しました。バスは、避難場所に指定されている野蒜小学校へ向かいましたが、そこは避難してきた人たちですでに一杯であり、園児たちを受け入れる余裕はありませんでした。やむなくバスはより高いところを目指し、津波から逃げ延びることができました。野蒜小学校は海岸から一キロ以上離れた山ぎわにありましたが、体育館には三メートルほどの津波が押し寄せ、約二〇人が亡くなりました。「もしも、野蒜小学校が受け入れてくれていたら、幼稚園バスの園児のなかに犠牲者が出ていたかもしれない」、のびる幼稚園の園長さんがそう語ってくれました。

東日本大震災では、消防、警察、海上保安庁、医療関係者、そして自衛隊などが懸命の救助活動にあたり、多くの人命を救いました。また、被災者も自ら、ボランティアとともに救援活動や避難所の運営などにあたり、難を逃れた人たちの命をつなぎました。危険と隣り合わせのなかで懸命に活動する隊員たちの姿、次々と運ばれてくる負傷者の治療にあたる医療関係者の姿など、被災地における活動の様子は、ニュースや新聞などで繰り返し報道され、多くの人たちの心を打ったことと思います。私もその一人でした。

「命を守り、助ける仕事って、本当にすごい」

深く感動するとともに目頭が熱くなりました。そのとき、ふとある人の話を思い出しました。その人は私たち安全研究会に所属する医師で、阪神淡路大震災のとき、被災地で治療活動を行っていたそうです。

「なんとか助けてあげたいと思っても、電気がなくて満足な治療ができず、自分たちにできることの限界を感じていました。そんなとき、電気が点いたんです。治療を終えて外へ出てみると、いろんな電力会社の発電機車が来ていて、私たちに電気を送ってくれていたんです」

その医師は電力会社に勤める私に、このような話をしてくれました。この研究会が立ち上がって間もないころに聞いたエピソードでしたが、東日本大震災の被災地で活動する人たちの姿に感動したとき、ふと思い出したのです。

「命を守っている」「命を助けている」、そんな大層なことは言えないけれど、電力会社に勤める自分も「命を支える」仕事にかかわっている。あらためてそう実感した瞬間でした。

震災では「サプライチェーン」の重要性が話題になりました。日本の各地でつくられる素材や部品、あるいは食材や食品などが、あるところに集まり、完成品となって出荷され、あるいはスーパーやコンビニに並べられ、消費者へ渡り、生活を支えています。部品の一つ、食材の一つが途絶えるだけで、私たちの生活は不自由をきたし、状況によっては生命の維持にかかわるほど大きな影響を受けることになります。農業・漁業従事者、工場の作業員、トラックの運転手など物流を担う人、建設に従事する人など、あらゆる産業の実務者が直接あるいは間接的に「命を支えている」のです。

発電所の場合、私たち電力会社の社員だけで電気をつくっているわけではありません。設備の補修や点検、清掃に従事する作業者をはじめ、燃料のＬＮＧや石炭などの輸送、受入の関係者など、多くの人たちの献身的な協力があって、電気を送り出すことができます。とくに発電所の地元の協力会社の方々は、設備にトラブルが発生したときには、たとえ深夜であっても、嵐のような悪天候であっても、真っ先に駆けつけてくださる頼もしい存在です。このような方々も「命を支える」一人なのです。

ところで、「被災地の子どもに笑顔を呼び戻そう」と乗り込んだ私たちでしたが、私たちを待っていたのは、元気いっぱい、満面の笑みの園児たちでした。

のびる幼稚園は私立のため、行政からの支援がほとんど受けられず、存続の危機に立たされましたが、「園長先生、いつから始まるの？」という園児たちの声に動かされ、工場の空き倉庫を借りて再開したそうです。何もかも失ったゼロからの再出発でしたが、全国から寄せられた遊具や什器を使い、先生や父兄が手づくりで園を再開したのです。子どもたちが飛び回れるような庭も部屋もない、小さな小さな「のびる幼稚園」でしたが、そこには大人たちを突き動かすほどに大きな力を持った、元気いっぱいの子どもたちが戻ってきていたのです。（追記：のびる幼稚園は二〇一四年四月に新しい園舎が竣工しました）

あの日、吹雪となっていた野蒜小学校では、体育館のなかで渦まく津波の濁流に何人もの人が巻き込まれていき、助かった人たちもやがて暗闇のなかで恐怖と寒さに震えることになるのですが、そのような状況で、児童たちが「野蒜小、ファイト！」と声を絞り上げ、みんなを勇気づけていたそうです。

日本の将来が何かと危ぶまれる昨今ですが、このような子どもたちがたくさんいるこの国の未来は「まだまだ捨てたもんじゃない」。私はこの震災を通してそう実感しました。だからこそ、私たち大人は、この国の未来を託す子どもたちのために、安全で安心できる社会をつくらなければなりません。

ところが現実は、交通事故で四千人以上が、労働災害で一千人以上が、さらには家庭内の不慮の事故で一万人以上が毎年亡くなっています。それらのほとんどは、私たち大人が引き起こしているのであり、仕事の現場では、私たち実務者が引き起こしているのです。

私たち大人は、あるいは現場の実務者は、不断の努力によって事故を防ぎ、より安全で安心できる社会づくりに取り組む義務と責任があります。それは、政府や行政、あるいは経営者だけの役割ではありません。大人一人ひとり、実務者一人ひとりが果たすべき役割なのです。そのような方のために、本書が少しでもお役に立つことができたら幸いです。

さて、おかげさまで前著『命を支える現場力』は、私たちメンバーの予想を大きく超える方々にご購入いただき、続編となる本書の出版が実現しました。本書の出版にあたっては、安全研究会のメンバー各々の研鑽や経験をはじめ、メンバーによる勉強会やディスカッションの成果、さらに多くの先輩諸氏からのアドバイスに基づいて内容をまとめました。現場の実務者のみなさんに具体的なヒントを提供することを念頭に置いて編集を進めましたが、私たちの知識不足、力不足も痛感しています。この本を読まれたみなさまからご意見やご提案をいただき、私たち安全研究会の活動に活かしていくことで、安全や安心を実感できる社会の実現に少しでも貢献してまいりたいと考えています。

最後に、この本の出版にあたり、編集会議のための会議室を提供していただいた一般社団法人火力原子力発電技術協会様、前著に引き続き細部にわたりご指導いただいた海文堂出版編集部の岩本登志雄氏に心よりお礼を申し上げます。

安全研究会　出版編集幹事　榎本敬二（中部電力）

参考文献

ジェームズ・リーズン著、十亀洋訳『ヒューマンエラー（完訳版）』海文堂出版（二〇一四）
エリック・ホルナゲル著、小松原明哲監訳『社会技術システムの安全分析―FRAMガイドブック』海文堂出版（二〇一三）
シドニー・デッカー著、小松原明哲・十亀洋監訳『ヒューマンエラーを理解する―実務者のためのフィールドガイド』海文堂出版（二〇一〇）
異業種交流安全研究会『命を支える現場力―安全・安心のために実務者ができること』海文堂出版（二〇一一）
多業種交流組織行動学研究会『安全を支える組織力』海文堂出版（二〇一三）
ローナ・フィリンほか著、小松原明哲ほか訳『現場安全の技術―ノンテクニカルスキル・ガイドブック』海文堂出版（二〇一二）
エリック・ホルナゲル著、小松原明哲監訳『ヒューマンファクターと事故防止』海文堂出版（二〇〇六）
石橋明『事故は、なぜ繰り返されるのか』中央労働災害防止協会（二〇〇三）
石橋明『リスクゼロを実現するリーダー学』自由国民社（二〇〇三）
石橋明ほか「原子力分野における安全意識向上のためのCRM概念に基づく訓練手法」日本原子力学会誌（二〇一〇）
横田友宏『安全のマニュアル―航空の現場から』鳳文書林出版販売（二〇一二）
横田友宏『エアラインパイロットのための航空気象』鳳文書林出版販売（二〇一三）
エリック・ホルナゲルほか著、北村正晴監訳『レジリエンスエンジニアリング―概念と指針』日科技連出版社（二〇一二）
エリック・ホルナゲルほか著、北村正晴・小松原明哲監訳『実践レジリエンスエンジニアリング―社会・技術システテ

ムおよび重安全システムへの実装の手引き』日科技連出版社（二〇一四）
ジェームズ・リーズン著、佐相邦英監訳『組織事故とレジリンス―人間は事故を起こすのか、危機を救うのか』日科技連出版社（二〇一〇）
河野龍太郎編『ヒューマンエラーを防ぐ技術』日本能率協会マネジメントセンター（二〇〇六）
ジェームズ・リーズン著、塩見弘監訳『組織事故』日科技連出版社（一九九九）
「安全第一」に学ぶ会編集『安全活動の源流―内田嘉吉「安全第一」を読む』大空社（二〇一三）
野田智義・金井壽宏『リーダーシップの旅―見えないものを見る』光文社新書（二〇〇七）
高間邦男『組織を変える「仕掛け」―正解なき時代のリーダーシップとは』光文社新書（二〇〇八）
杉山尚子『行動分析学入門―ヒトの行動の思いがけない理由』集英社新書（二〇〇五）
舞田竜宣著・杉山尚子監修『行動分析学で社員のやる気を引き出す技術』日本経済新聞出版社（二〇一二）
小倉仁志『なぜなぜ分析徹底活用術』ＪＩＰＭソリューション（一九九七）
小倉仁志『なぜなぜ分析―実践編』日経ＢＰ社（二〇一〇）
小松原明哲『ヒューマンエラー（第2版）』丸善（二〇〇八）
Ｆ・Ｈ・ホーキンズ著、黒田勲監修『ヒューマン・ファクター』成山堂書店（一九九二）
加藤常夫・上田恒夫『機長席からのメッセージ（ＰＡＲＴ1～3）』有斐閣（一九八六～一九九四）
飯島朋子ほか「ＣＲＭスキル行動指標の研究」宇宙航空技術研究開発機構飛行システム研究センター（二〇〇三）
Ｅ・ウエイナ、Ｂ・カンキ、Ｒ・ヘルムリッヒ「Cockpit Resource Management」Academic Press. Inc.（一九九三）
黒田勲『信じられないミスはなぜ起こる』中災防新書（二〇〇一）
黒田勲『失敗を生かす技術』河出書房新社（二〇〇一）
畑村洋太郎『失敗学の法則』文芸春秋（二〇〇二）
畑村洋太郎『「失敗学」事件簿』小学館（二〇〇六）

畑村洋太郎『危険学のすすめ』講談社（二〇〇六）
河野龍太郎『医療におけるヒューマンエラー』医学書院（二〇〇四）
河野龍太郎『医療安全へのヒューマンファクターズアプローチ』日本規格協会（二〇一〇）
芳賀繁『うっかりミスはなぜ起きる』中央労働災害防止協会（一九九一）
芳賀繁『ミスをしない人間はいない』飛鳥新社（二〇〇一）
芳賀繁『失敗のメカニズム』角川書店（二〇〇三）
松尾太加志『コミュニケーションの心理学』ナカニシヤ出版（二〇〇〇）
H・W・ハインリッヒ著、井上威恭監修『ハインリッヒ産業災害防止論』海文堂出版（一九八二）
行待武生監修『ヒューマンエラー防止のヒューマンファクターズ』テクノシステム（二〇〇四）
山内桂子『医療安全とコミュニケーション』麗澤大学出版会（二〇一一）
大山正・丸山康則編『ヒューマンエラーの科学』麗澤大学出版会（二〇〇四）
大山正・丸山康則編『事例で学ぶヒューマンエラー』麗澤大学出版会（二〇〇六）
JR西日本『事例でわかるヒューマンファクター』JR西日本安全研究所（二〇〇七）
クリストファー・チャブリス、ダニエル・シモンズ著、木村博江訳『錯覚の科学』文藝春秋（二〇一四）
L・デビッド・マルケ著、花塚恵訳『米海軍で屈指の潜水艦艦長による「最強組織」の作り方』東洋経済新報社（二〇一四）
ANAビジネスソリューション『どんな問題も「チーム」で解決する—ANAの口ぐせ』中経出版（二〇一四）
Roberts. K. H. (1989) New Challenges in Organizational research: High Reliability Organizations. Industrial Crisis Quarterly. 3, pp.11–126

■**出版担当**

西村　　司（安全研究会 代表管理人）
JR 東日本横浜支社 東神奈川電車区 助役
車掌、運転士を経験の後、現場の指導担当、総合訓練センターの運転担当講師として運転士の指導・教育に携わり、2013 年より現職

榎本　敬二（安全研究会 出版編集幹事）
中部電力株式会社 知多火力発電所 技術課長
碧南火力発電所 3 ～ 5 号機 発電責任者、本店火力部課長（リスク管理担当）、武豊火力発電所 技術課長、碧南火力発電所 業務課長を経て、2014 年より現職
日本プラント・ヒューマンファクター学会会員
航空運航システム研究会会員
日本能率協会ほか「産業安全対策シンポジウム」企画委員

■**出版委員**（五十音順）

安藤美佐子（航空／元キャビンアテンダント、安全監査）
熊谷　宗一（鉄道／駅員、車掌、運転士、指令、ダイヤ策定、安全推進）
佐々木　潤（医療／医師）
平田　　武（鉄道／安全管理、電気指令）
平田　正治（航空／大学講師、元航空管制官）
深澤　由美（医療／大学特任助教）
松下　孝行（鉄道／運転士、指令、安全管理）
宮本　麗子（航空／運航管理、安全管理）
横田　友宏（航空／機長、安全管理）
脇坂　悦志（電力／安全管理、プラント設計）

■**顧問**

石橋　　明
（株）安全マネジメント研究所所長、工学博士
JR 西日本安全研究所客員研究員、JAXA 有人宇宙技術部客員研究員、中災防東京安全衛生教育センター部外講師、元全日空国際線主席機長、国土交通省航空保安大学校非常勤講師、NPO 失敗学会組織行動分科会長

■安全研究会について

平成 17 年 4 月 25 日に発生した脱線事故をきっかけとして、「同じような事故を二度と起こさないために、会社や業界の垣根を超えて安全について情報を交換し、一緒に考え、研鑽するネットワーク」として平成 17 年 6 月にメンバー数人で発足。現在の会員は、鉄道、航空、船舶、電力、医療、大学などの実務者や研究者を中心に約 100 名。
主に、メーリングリストを活用した情報交換、オフ会による勉強会、見学会などの活動を実施。

ISBN978-4-303-73132-8
現場実務者の安全マネジメント—命を支える現場力 2

2015 年 2 月 20 日　初版発行

著　者　異業種交流 安全研究会
検印省略
発行者　岡田節夫
発行所　海文堂出版株式会社
本社　東京都文京区水道 2-5-4（〒112-0005）
電話 03(3815)3291(代)　FAX 03(3815)3953
http://www.kaibundo.jp/
支社　神戸市中央区元町通 3-5-10（〒650-0022）
日本書籍出版協会会員・工学書協会会員・自然科学書協会会員

PRINTED IN JAPAN　印刷　田口整版／製本　誠製本